U0095861

日本人傭兵の危険でおかしい戦場暮らし
日本人傭兵の危険でおかしい戦場暮らし：戦地に蔓延る戦慄の修羅場編

任性出版

我當傭兵的日子與戰爭實況 上

西川拓◎漫畫
參與阿富汗實戰、緬甸克倫族解放戰線，傭兵資歷20年
高部正樹◎原案
林巍翰◎譯

真正要命的工作，為什麼我想做？
怎麼活著領到薪水、回家？

目次

我當傭兵的日子與戰爭實況（上）

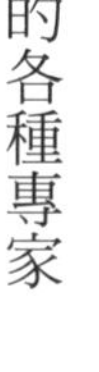

第二部　這才是戰爭的真相

高部正樹的傭兵生涯年表

1964年	出生於日本愛知縣。 夢想是當戰鬥機飛行員或成為陸軍士兵。
1983年	高中畢業。 以航空學生的身分進入航空自衛隊。
1985年	從航空學生教育隊畢業。 成為飛行幹部候補生，開始接受飛行訓練。
1986年	因訓練中受傷而從航空自衛隊除役。
1988年	隻身前往當時被蘇聯侵略的阿富汗，加入反共武裝勢力。
1990年	離開阿富汗前往緬甸，加入克倫族解放戰線。 隸屬於第101特殊大隊（主戰場：旺卡營地）、GHQ Special Demolition Unit（直屬於總司令部的特殊破壞工作部隊，專門從事破壞工作的特殊部隊〔主戰場：克倫邦〕）。
1994年	轉戰前南斯拉夫。 以克羅埃西亞武裝勢力（HVO）的成員身分，參加波士尼亞內戰。 隸屬於第1防衛旅團（傭兵部隊，代號「大大象」，主戰場：波士尼亞與赫塞哥維納中南部）
1995年	回到緬甸，再次加入克倫族解放戰線。 曾隸屬第4旅團（主戰場：克倫邦南部）、第5旅團（主戰場：克倫邦北部）、第6旅團（主戰場：克倫邦中南部）、第7旅團（主戰場：克倫邦中北部）和CHQ（主戰場：克倫邦全境）。
2007年	結束傭兵生活回到日本， 以記者和軍事評論家身分活動。

波士尼亞的武器訓練。我正在拆解組裝中國製的67式通用機槍。

我和聖戰者在位於巴基斯坦和阿富汗邊境的軍事據點賈吉拍照。

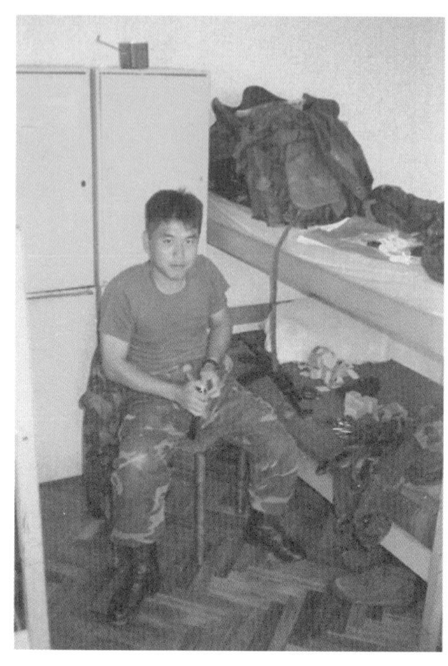

這裡是波士尼亞查普利納基地的軍營。因為隔天要作戰，所以我把子彈裝進彈匣裡。

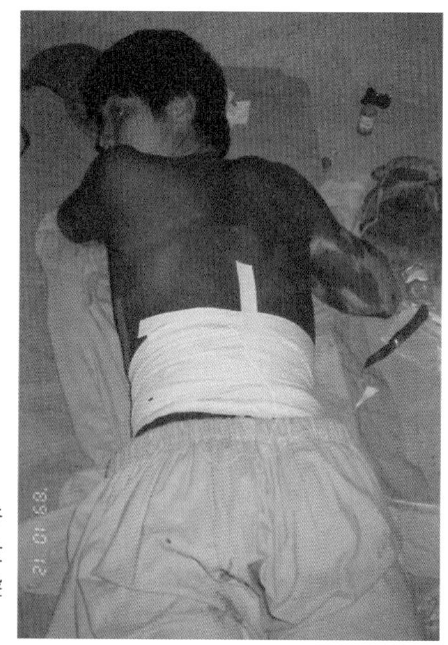

我在阿富汗的坦吉山谷（Tangi Valley），受到世界最強直升機 Mi-24 攻擊而負傷（見第 55 頁）。

只要進入到叢林深處的村莊，我都會帶文具給當地的學校。
第一部第一章裡，提到送給我餅乾的女孩，就住在這裡。

從前線撤退後，我們一定會吃冰淇淋聖代，撫慰身心。

我與克倫軍第 101 特殊大隊的分隊朋友們，最右邊是當時的大隊長。

與日本義勇兵的合影。右邊那位義勇軍不幸戰死，中間那位夥伴因派不上用場，所以很快被趕回去。

途中遇到 UNPROFOR（聯合國保護部隊）。

由前南斯拉夫所製造的M79 90 毫米反戰車火箭筒。這是我在波士尼亞部隊裡，擁有的最強武器。

我與法國戰友合影。

我在波士尼亞南部的山地進行訓練。

正在等卡車，準備往前線作戰（右邊是瑞典戰友，中間的是法國戰友）。

正在進行 M79 反戰車火箭筒（M79OSA）訓練。

我們在前線、已經沒有人居住的民宅裡休息。

火箭彈發射器上寫著 BORN TO KILL FUCK THEM ALL（為了殺死那些混帳而生）。

推薦序一

傭兵生活，時而痛快淋漓，時而如履薄冰

法國外籍兵團／許逢儒

我曾在法國外籍兵團服役，很榮幸受邀為《我當傭兵的日子與戰爭實況》寫推薦序。

本書主角高部正樹，是一位賭上性命、在異鄉戰場生活二十年的日本傭兵。透過漫畫，高部分享了他所經歷的種種，也披露了我們從未經歷過，甚至無法想像的傭兵生活。書中用圖畫及簡單的言語，呈現那些危險又真實的故事。

世界上不斷發生大大小小的戰鬥，即便現在，也有地區仍處在戰火之中。而在

戰地——最殘酷無情的環境裡，只能把生命交給命運。

然而，卻有一群人，他們離鄉背井，帶著不同的原因，可能為了錢或逃離自己的生長環境，而到他國拋頭顱灑熱血。這些人就是所謂的傭兵。作者以身歷戰場的傭兵角度出發，告訴讀者，這些人究竟是為何走向戰場，又為何而戰？

傭兵賺的錢沒有想像中那麼多，但怎麼能只用錢來衡量生命的價值？他們過著冒險般的軍事生活，在極端的環境中戰鬥，時而痛快淋漓，時而如履薄冰，常常有意想不到的事情發生，以及在這種氛圍下養成的處事態度，雖然是真實且殘酷的經歷，漫畫家西川卻能用詼諧的手法來呈現。

自娛娛人，戎馬一生，什麼都經歷過，什麼都嚐過，吃肉、喝酒、睡覺，抑或戰鬥、開槍、開砲。殘酷極端的環境下，人們相處卻出奇的友好，大家樂於社交，不是個人英雄主義，而是要**依靠身邊的同伴**，不然很可能被暗算、背後搞小動作、捅你一刀。在戰場上，大家過著朝不保夕的生活，所以才更要享受人生，不要自找不快，畢竟你不知道到底誰會在緊要關頭救你一命。

本書兼具娛樂性與深刻情感，痛快又爽朗，裡面都是高部的親身經歷，用漫畫的手法呈現真實的戰地日記。

我喜歡軍事題材，看到這本漫畫除了感到新奇，也很有共鳴，感謝高部願意分享這段特殊的經歷。

最後當他們結束戰鬥，終於回到家鄉，卻發現自己的心已經無法離開戰場了。軍人或許不會死在戰場，**但是離開戰場後的生活，對他們或許更加艱難**。軍隊是一場圍城，外面的人想進去，裡面的人想出來，很多的人卻都無法脫逃。

當我們身處在和平國度，跟家人抱怨、因小事跟女朋友吵架、感覺遇到什麼過不去的難關時，或許可以找個安靜的角落，喝杯啤酒，並翻開此漫畫看看。

推薦序二

一窺傭兵在戰場上生活瑣事

「James 的軍事寰宇」粉絲頁主編／黃竣民

談到傭兵一詞，大多數人存在的刻板印象，可能都是從電影、電視或是新聞媒體而來，畢竟在臺灣具有這類型身分的人實在太少了。正因如此，人們往往覺得傭兵帶點神祕感。

像傭兵這樣的私人武裝力量，或多或少存在負面印象，尤其是二〇二二年俄烏戰爭開打後，約有一年多大家幾乎只關注到俄羅斯私人軍事服務公司「瓦格納集團」（Wagner Group）的動態，而忽略俄羅斯正規軍在戰場上的表現，但這種毫無避諱「功高震主」的鋒芒，最終也導致了集團首領的悲慘下場。

（按：自二〇二二年俄羅斯入侵烏克蘭以來，瓦格納集團與俄國國防部之間矛盾日益惡化。其集團首領指責俄軍在國防部長的領導下，屢戰屢敗且傷亡慘重，並駁斥俄羅斯入侵烏克蘭的理由。之後更宣布「必須制止俄國軍事領導層所展現的邪惡舉動」，該集團將部隊從烏克蘭撤回俄羅斯頓河畔羅斯托夫，還與當地武裝部隊交火，於是被俄羅斯聯邦安全局指控「煽動叛亂罪」。）

這也印證了「戰敗的傭兵雖然不好，但戰勝的傭兵可能更具風險」的古訓！

其實傭兵的歷史，早在古希臘時期就已被記載，在長達數千年間，分別在各地以不同模式持續運作，而非只有大家認為的「拿錢賣命，不問是非黑白」那類人。

例如，瑞士駐梵蒂岡的宗座近衛隊（Papal Swiss Guard）、英國的廓爾喀部隊（Gurkha）、法國的外籍兵團（Légion Étrangère）等名號響叮噹的單位。他們在歷史上的名聲就正面許多。事實上，傭兵與特種部隊性質相近，招募的對象都有一個共同的特質——「想挑戰自己」，因此在任何時代，不乏有人躍躍欲試。

在臺灣，會加入傭兵的人是少之又少，這或許也是造成資訊較為片面的主因。而《我當傭兵的日子與戰爭實況》的主角高部正樹，在日本是知名的軍事人物，他會成為傭兵，其實也是一種特殊的機緣。他原本立志成為飛行員，於是加入「航空自衛隊」（JASDF）接受飛行訓練，沒想到在訓練期間因受傷而離開，反而促使他毅然決然投入雇傭兵長達二十年的人生，並陸續在阿富汗、緬甸、波士尼亞等地參與戰鬥。

現在，他這些海外行動經歷，透過漫畫，以詼諧幽默的方式呈現出來，對於讀者而言，能以一種較輕鬆的態度，一窺傭兵在戰場上生活瑣事，更容易了解那些傭兵不為人知的內幕，不啻為另類寓教於樂的作品。

第一部
我的傭兵生活

※日本諺語，常用來提醒人們謹慎行動，不要躁進。

有意思的是，以傭兵為題材的漫畫工作，不知為何找上我。
戰爭可以說是衝突最極端的型態。
當兩個國家發生對話無法解決的衝突時，最後只能採取暴力。
沒想到，有人會主動蹚這場渾水。
對我來說，傭兵是世上和我最無關的人。
卻讓我畫了傭兵的故事。
無從得知接下來的劇情發展。
翻開本書，
你會看到電影沒拍出來，但實際發生在戰場上的細節與事實。

1

投身戰場的理由

※藍波是電影《第一滴血》主角，特種部隊退役

※上方英文為美國驚悚片《沉默的羔羊》原文。

這是我的一點心意，
請大家吃看看！
沒想到出現在眼前的，是長得像熊的好好先生。
名古屋
なごやん
這個人是傭兵？
真是難以想像！
ドドドドド
雖然高部可能被問過很多次了，為什麼你會想成為傭兵呢？
編輯Y
謝謝你的點心。
不客氣！
我從小，
就非常喜歡讀跟戰爭有關的書。

※重力加速度

從小學開始看戰爭書籍的高部，很景仰在戰場上出生入死的軍人。
大空のサムライ
零戦空戦記
高中畢業後，他夢想成為飛行員，於是加入航空自衛隊。
然而，入隊3年後，在高※G飛行訓練中，他腰部受傷，最後只能放棄夢想。
雖然這起意外讓他灰心喪志，
步兵
但也讓他決定實現另一個夢——成為步兵。
甘露
因高部想參與實戰，於是獨自飛到阿富汗，實際投身到戰場。
阿富汗
1988~
1990
緬甸
1990~1994
1995~2007
之後20年，他以傭兵身分轉戰各地。
波士尼亞
1994~1995
二〇〇七年退役後，成為軍事評論家、時事評論人和娛樂記者。
大概就是這樣。
雖然有心理準備，但我無法對高部的人生經歷產生共感！
說到底，戰爭不就是殺或被殺嗎？
嗯……。
簡單來說，就是「想參與戰爭」嗎？
しれっ
問得好直接！

我不否定這點。
居然說中了！
只是，我想參與的是「戰鬥」而非「戰爭」。
此外，還有其他原因。
那是在克倫族村莊發生的事。
不好意思，「克倫族」是指？
ひそひそ
生活在泰緬邊境的少數民族。為爭取獨立，發動戰爭超過半世紀。
有一個克倫族小村莊，離前線僅1公里，
高部的部隊駐紮在該村莊旁，每天和村莊對面的緬甸軍交戰。
緬甸軍
1km
克倫軍
村
部隊的據點
高部想幫助克倫族獨立，對吧？
百科上有寫！
早安。
克倫族的孩子們。
哇——！
山村裡的孩子好像沒看過外國人耶。
咦？

妳不一起走嗎？
……
!!
窸窸窣窣
餅乾？
那塊餅乾上印著鱷魚圖案，在城市裡，10片賣3泰銖（約當時臺幣3元）。
但這種餅乾很難吃。
生活在村莊位於偏遠地區叢林裡的孩子，一年只能拿到一次。
謝謝妳。
我相信這片餅乾一定被她視為珍寶。
我當時打從心裡認為，「就算是用自己的生命來換這片餅乾也值得」。
如果前線失守，村民一定會立刻被敵軍追上。
若發生這種事，就算戰死，我也要為他們爭取逃跑時間。
被緬甸政府軍攻下的村莊，婦女會被強暴、村人慘遭殺害。
……
……

主張反戰的政治人物、記者及收集反戰連署簽名的人，
他們做的事固然有意義，
戰争反対
9条壊すな
PEACE NO WAR
但這只是「明天的希望」，無法成為村裡孩子「活過今天的方法」。
我參加戰鬥，就是想讓他們能活下去。
訪談結束後
休想用老掉牙的故事打動我！
冷や奴 200
是在演影集還是電影？
連反問的機會都沒有！
傭兵的世界越挖越有意思。
編輯Y和西川，目前不過是來到入口處而已。
我覺得很有說服力。而且他說話很誠懇。
總之，我反對戰爭！
ダン!!!
無法接受傭兵啦！
話說，那個女孩……
當我沒說。
不好意思，再一杯生啤！

2

傭兵月薪八千日圓

當傭兵真的能賺到很多錢嗎？
肯定很多吧？
既然賭上性命，報酬絕對很多！
傭兵就是這麼回事！
ドス
高部去的第一個戰場是阿富汗吧？那裡的月薪是多少？
每個月只有八千日圓……。
真的假的？
騙人吧！

那是我剛到阿富汗，結束第一個月的前線工作，退到後方時發生的事。
東張西望
奇怪，部隊每個人都好浮躁。
大家翹首以盼的薪水來囉！
隊長
啊——原來如此。
!!
驚
太多鈔票了吧！
我只在連續劇或電影裡才看過這麼多鈔票！
阿富汗的貨幣「阿富汗尼」
ドン
發薪水的方式超級隨便！
你也辛苦啦！
辛苦了。
隊長像老鷹一樣，隨手抓起一疊鈔票，數也不數就交出去。
怎麼看都像盜賊在分贓。
高部，辛苦你囉！
我也拿到啦！
這就是一疊鈔票的重量，好興奮喔！
ズシッ

但仔細數完才發現，只有約八千日圓而已。
怎麼會……
但以當地物價來看，收入還不錯……。
鈔票之所以那麼多，和貨幣價值低落有關，
1 美元＝7 阿富汗尼（1996年的匯率）
處於內戰的國家，多數會陷入惡性通貨膨脹。
結束休假後，就要回前線了。
這次在前線與敵軍作戰，過了**兩個月**才回到後方。
薪水應該會比上次多吧？
沒想到薪水和上次一樣，「抓多少有多少」。
真是「※丼勘定」
會不會太扯了？
話說回來，我雖然拿到一大堆阿富汗尼，
但幾乎沒有使用的機會！
基本上，軍人的衣食住都由部隊掌管，
前線沒有商店，身為反政府軍，也不可能到其他城市逛大街。
ヒュウウウウウ
我好想用一次薪水喔。
某天，我偶然發現一間路旁的食堂。
用錢的機會來了！

※意思是算錢馬虎、不精準。

讚啦！我要在這裡大吃特吃。
然後用掉一堆阿富汗尼。
大家盡量吃，
全部由我買單！
咖哩
囊
馬薩拉茶
店門口有賣點心的攤子。
這次我一定要花到錢！
餅乾
婆婆，我要這個。
原來高部想吃餅乾呀？
我買給你！
真是謝囉。
結果我的阿富汗尼越來越多了。
超占空間，可惡！
就算把錢拿去換外幣，也因為該貨幣信用不足，無法兌換。
阿富汗尼？不收、不收！快拿回去！
所以最後變成——

※伊拉克戰爭發生於2003年到2011年，是在伊拉克曠日持久的武裝衝突。黑水國際為美國一家私人軍事、安全顧問公司，現更名為Academi。

高部應該很想在傭兵景氣好時投入這行吧？
沒有喔！
我不是為了錢才當傭兵的。
是喔……。
我就這樣把手中的阿富汗尼，全部給出去了。
幾年前，我去了東京舉辦的軍事展覽，
發現那裡竟展示阿富汗尼的紙幣。
哇！好懷念！
……？
……
戰爭時期的阿富汗尼紙鈔
稀少
一組 4 張
5000日圓
傭兵既辛苦又危險，還得忍受髒亂的環境，收入卻不高。
說真的，看到價格時，我好後悔呀。
當時若全部帶回來，應該能大賺一筆喔！
啊哈哈
我越來越不了解傭兵的魅力到底在哪裡……。
……

3

叢林裡的戰地美食

說到傭兵，不能不提生存技能吧？
在緬甸叢林裡，什麼東西最美味？
烤整隻松鼠很讚哦。
真的？
松鼠竟然好吃嗎？
反過來說，什麼東西最難吃？
嗯～要說最難吃……
蚯蚓湯……。
呃！好噁心啊！

我們在叢林被敵軍包圍時，無法得到食物補給。
這時只能靠生存技能，想辦法狩獵採集。
只要懂一點有關蔬菜的知識，日子勉強過得下去。
苦瓜和竹筍會自己生長。
但問題是如何補充蛋白質。
在焚燒過的林地上尋找黃瓜。
只要有動物，就能補充蛋白質！
馬來熊
松鼠
鳥
若抓到野豬或野雞，就像中彩券大獎。
鹿
蛇
山貓
老鼠
巨蜥
雖然叢林生活，讓我習慣吃各種奇怪的東西，但無論如何，我都吃不了山貓和老鼠。
當地人會用懸樑式陷阱來捕捉山貓，其死狀只能用悽慘來形容！
吃了一定會受到詛咒。
老鼠的吃法，是整隻丟到火裡烤到焦黑，再用手掰開來吃。
好臭！今天吃老鼠啊……
內臟經過燒烤後，會釋出強烈的臭味！

因為老鼠跟山貓都很臭，只有撒上大量咖哩粉後，大家才勉強吃下去。
Fuck！
Shit！
他媽的！
因為不是每天都能捕到動物，
今天沒有任何收穫。
所以我們需要穩定的蛋白質來源。
叢林裡什麼最多呢？
就是蟲。
最常吃的是蝗蟲、螻蛄和金龜子。
金龜子只要稍微烤一下，就能整隻吃下去。
像在吃花生
當地人經常一邊聊天，一邊把金龜子當零嘴來吃。
ブウーン
但我不是很喜歡金龜子內臟在口腔內化開的感覺。
「竹蟲」是季節限定的食物。把竹子切開後，會跑出一大群。
蠕動蠕動
吃法是油炸後撒鹽，直接吃。
雖然竹蟲看起來不怎麼樣，但味道和蝦味先一樣，脆脆的，很好吃喔！
齒縫間
只是吃完後，會塞牙縫。
都是竹蟲

在部隊裡，有一位性格豪放的克倫族男子。
俺什麼蟲子都敢吃！
敢吃椿象嗎？
當然！
這只是小意思♪
顫抖顫抖
他居然抓著椿象，直接吃下去！
吞下去
太猛了！
咦？不臭嗎？
他冒青筋了耶。
流超多汗。
你太亂來了啦！
前面提到叢林最難吃的東西，
今天的湯好像加了什麼料……
……
從底部撈上來的東西
ぞろ～ん
負責做菜的克倫族士兵
不要把蚯蚓放進湯裡！
語言不通只能比手畫腳
湯裡沒有料沒關係！
No蠕蟲！No蚯蚓！聽懂了嗎？
OK OK♪
真的懂嗎？

隔天
ホッ……
太棒了，今天湯裡沒蚯蚓！
咦……？
半透明的圈狀物體
這是什麼？
Chopu Chopu（因為你好像不喜歡一整隻，所以我把蚯蚓切碎了呦！）
蚯蚓身體裡的汁液都流出來了啊啊啊！
看到這一幕，我失控到直接飆日文。
說到湯，其實還有更可怕的故事。
比蚯蚓還可怕嗎？
沒錯，
大便湯！
就是把沒經處理的水牛大腸切塊，並丟進湯裡。
也就是說——

來，
趁熱喝！
這就是傳說中的
水牛大便湯……。
嗯，
好喝！
味道醇厚。
別擔心，
牛只吃草，
所以很乾淨！
大家都吃得
很高興。
……
草，沒錯，
牛只吃草。
姑且
喝一口看看。
照這個道理，素食
者的大便也可以當
食物吃了。
傭兵同袍（日本人）
噗——！
差點就要被說服了，
好險、好險。
……不對！
我還是喝了一口！
投入戰鬥前的叢林求生，
很不容易。宛如地獄般的
熱帶雨林裡，繚繞著極樂
鳥的鳴叫聲。
味道有點苦，但說
實話，也沒有那麼
難喝啦。
我和編輯Y看著低頭講述
大便湯味道的高部，只能
沉默以對。

差點丟掉小命

你當了20年傭兵，還能活著回日本，是不是因為具備某種特別的感知危險能力？
沒那回事，我只是運氣特別好而已。
我也經歷過幾次「這次死定了」的瞬間喔！
某天，我和同袍走在緬甸叢林裡……
什麼，你還是處男啊？
下次休假，告訴你幾間不錯的店…。
ガザッ
嗯？
突然與敵方撞個正著。
呀——！
哇——！

能不能當作彼此都沒看見對方？
接下來就是——
別傻了，怎麼可能啊！
鴉雀無聲
雙方立刻趴在地上，超近距離進行機槍大亂射！
ドドドド
ドド
由於兩方人馬都沒時間瞄準，所以都亂射一通。
再加上大家都想趕快離開現場，所以沒瞄準敵人就開槍。
畜生！
ド!!
混蛋！
ドッ!!
敵人和我們一樣，也是亂射，見機往後撤。
等回過神來，才發現已經不見敵人的身影了。
我方沒人傷亡，真是奇蹟，我感覺心臟都要停了。
沒脫離童貞前，我還不能死啊。
距離這麼近？
雙方只隔著10公尺，真的很近。
如果是碰到天上掉下來的砲彈，才是想逃也逃不了。
會不會被砲彈擊中，全憑運氣了。

※戰爭中，步兵用來保護自己免受砲火傷害的洞穴或溝槽。

我最慘的一次經驗發生在阿富汗。這件事
粉碎了我好不容易在稍微熟悉戰場環境後得到的一點自信。
ずーん…
好大、好重哦。
よた
不能靠人力來搬啦！
よた
別發牢騷了！
我的部隊那時要前往設置在山上的砲臺，用火箭彈攻擊敵方基地，
而我負責的工作，是把藏在遠處的彈頭搬到砲臺。
敵基地
死角
砲臺
山
敵人幾乎沒有反擊耶。
這裡是很難被鎖定的死角，不用擔心被發現啦。
咦？什麼聲音？
バババ
該不會！
Mi-24雌鹿直升機被稱為「會飛的戰車」。
除了防禦裝甲很厚，又具備強大火力，是當時公認最強的蘇聯製攻擊直升機。

現在立刻跑到那個「Wadi」！不然會沒命的！
Wadi？
Wadi，是乾掉的河床。在只有石頭和沙子的阿富汗山區，乾河床是唯一的藏身之處。
飛行員應該能清楚看到我吧？要是被機上的30口徑機槍打到，一瞬間就變成絞肉了，
渾蛋！我還不想死啊！
ゼェ
ゼェ
ゼェ
!?
!!
奇怪？沒攻擊我？
敵人的目標是砲臺！
砲臺被直升機的火箭彈打個稀巴爛。
喂，高部！
你還好嗎？
我的背插了3片火箭彈碎片。
不知為何，直升機沒繼續攻擊我們，
而是朝著山谷的另一邊飛去。
バババ
バババ

我現在要取出你背上的碎片，
你千萬不能亂動。
不是吧。
不要啦！
啊啊啊啊啊啊！
因為那次的傷勢不算嚴重，所以我才能活下來。
天啊……。
根本是電影的情節。
為什麼直升機就這樣掉頭走掉呢？
人員攜行式防空飛彈
FIM92"Stinger"
可能是因為，Mi-24曾被美國提供給阿富汗游擊隊的FIM-92擊落。
碰到這種事，不會讓你萌生退意嗎？
正好相反，我一邊養傷，一邊想「回前線後，我一定要給那些傢伙好看」。
下次我一定要把那架直升機打下來！
ギリ
ギリ
現在回想起來，或許是那次經歷，才讓我選擇繼續當傭兵吧。
呵呵呵
完全無法理解。
鬼門關前走一遭的經驗，讓高部變得更堅強——我和編輯好像窺見傭兵這種奇特物種的生態了。

5

生命只能交給命運

ガチャッ
大家好！
今天很熱吧，
高部看看想喝什麼吧！
ゴゴゴゴ
……
……這個吧。
難道高部和烏龍茶之間有故事嗎？
其實，我之所以能活到今天，都是因為在面臨攸關生死的選擇時，常常選了「左邊」！
現在只不過是挑飲料而已！

※地堡大部分建在地面下。

案例1
緬甸
旺卡基地
某晚我和克倫族士兵在※地堡的房間裡睡覺。
地堡是一種在塹壕上方堆放板子或沙袋，然後搭建屋頂，使其成為有雙層空間的碉堡（防禦陣地）。
崗哨
槍眼
上層有負責站哨的士兵，敵軍沒進攻時，下層房間可以用來睡覺。
地下
地面
敵襲！
バチコーン
雖沒特別說好，但我反射性的選擇左邊，
克倫族士兵選擇右邊的位置來應戰。
然而不到1分鐘，
!!
子彈穿過了他的眉間，地面上腦漿四溢……
如果當初站到右邊槍眼，
上西天的就是我了。

案例2 波士尼亞
我和另外3位傭兵，在類似倉庫的地方，與敵軍交戰。
右
左
這個倉庫有兩扇窗子，我和加拿大人在左邊，另外兩位德國人在右邊，與敵人應戰。
敵人好像停止攻擊了！這樣的話，接下來…
…我死了嗎？
不，我還活著，好痛。
高部沒事吧？
……啊啊，撿回一條命。
兩位德國人因受到迫擊砲砲彈的碎片攻擊而亡。
……
可惡！
砲彈直接打到右邊的窗戶，
左側的我們雖然被壓在瓦礫堆下，但並無大礙。
……
這又是一次選擇左右，同時決定死活的經歷。

因為這兩次的經驗，所以選左邊，就變成我的原則。
原來如此。
不過現在想想，或許和我是左撇子有關吧。
傭兵總是與死為鄰，
高部曾想過死亡的事嗎？
說實話，大多數傭兵都相信「別人會死，但我會活下來」，
所以不會認真思考死亡。
但從我個人的經驗來看，
把「死」掛在嘴邊，或開始想這類事情的人，通常是最早走的。
欸？
我在緬甸時，曾和日本人N一起工作。從某天起，他經常把死掛在嘴邊。
我感覺自己快死了。
他不只說說而已，某天我們在曼谷逛紅燈區時，
哇～選哪一個好呢？
44
我滿適合※4的。
太觸霉頭了……。

※日文的4跟死同音。

一個月後，N因感染瘧疾而離世。
得年26歲。
ちーん…
我們打算從N的電子筆記本，找出寄送遺物的地址，但打開電子筆記本需要密碼。
要密碼耶。
你有什麼頭緒嗎？
他說過「我適合4」。
4，4，4，4，
行得通嗎？
啊，打開了！
太好了！
START
哈哈哈
這個密碼太糟了啦！
N這個人還真好理解！
不過，這真像N會做的事。
是啊。
突然安靜——
另一位日本人曾說：「我要埋骨緬甸。」還把護照丟掉，甚至寫遺書，
果不其然，他這麼做之後，就戰死了。
這有點玄耶……。
聽了不太舒服。
或許這是所謂的自我暗示。

生物會下意識選「生存率較高的一邊」。
這可說是本能。
ALIVE
DEAD
我發現人若總想著死，求生能力就會降低，選到與生存相反的選項。
那些相信自己一定會活下來的人，通常能從戰場上全身而退。
高部能在戰場上待20年，是靠實力還是運氣呢？
當然是運氣。
飛彈是躲不了的，
會不會被從天而降的飛彈打中，全憑運氣好壞。
假設戰場上存活率是50％，人能藉由訓練和經驗，
將存活率提升至60％、8070％，甚至是％。
所以傭兵很努力鍛鍊自己。
是生、是死？傭兵是一群與運氣對抗的人。
但無論多麼努力，死亡還是占了一定比例，會不會碰到就是看運氣。
有時剛上前線的新兵活了下來，但老兵卻陣亡了。
雖然沒什麼道理，但這就是為什麼，我願意相信選擇「左邊」會為我帶來好運的原因。
我們可以在戰場上看到「生的縮影」。
原來如此。

6

自己開發新武器

請問，傭兵從哪裡拿到武器呢？
軍隊給的，還是自己準備呢？
基本上是軍隊配給，但反政府游擊隊的武器，很多品質都很差。
香菸鋪兼武器店
因此我有時會在當地黑市購買自己用的槍。
克倫民族解放軍（KNLA）的旗子
像我效力過的克倫軍因為經濟相當拮据，所以長期武器不足。
有鑑於此，有時我們會自己製造武器喔。
自己做武器？

我曾隸屬於克倫軍裡的「特殊破壞工作部隊」。
主要工作是潛入敵方陣地，炸掉對方的軍事設施或橋梁等。
不像其他部隊每天做例行防衛工作，沒命令時滿閒的。
由於營裡有許多火藥和會爆炸的物品，所以空閒時間，我們會自製武器。
通稱「工廠」
主要原因是軍隊沒錢，所以得想辦法撐下去。
高部，下次你休假去泰國，回來時請買一堆保鮮盒。
是可以啦，你要拿來做便當？
不，是做地雷！
在保鮮盒裡裝進炸藥和啟爆裝置，敵人踩到就會爆炸了！
這、這樣啊。
他們很開心的把炸藥裝進保鮮盒裡。
太猛了！百元店買來的東西，竟然能做出地雷！
不過據我所知，最後好像沒實際用在戰場上。
しれっ
原來不行啊。

克倫軍還做過「聚氯乙烯管火箭彈」。
便宜的聚氯乙烯管
推進劑來自其他被拆解的武器
然而自製火箭彈，別說擊中目標，根本無法直線飛行。
自然不可能當作武器使用。
バシュウウウ
3、2、1……發射！
バシュ
衝啊！
ウウウウウ
成功了！飛起來了！
上面乘載著我們的夢想。
別說夢話了！
「超大型霰彈槍」這倒是個厲害的傢伙。
槍身使用的是電影《第一滴血》中經常出現的RPG
彈頭拆下來後，在原處塞進許多5mm大的鐵球。
如果武器威力夠強大，就會找將軍參加發射實驗。
將軍
叢林被打出了一個直徑2公尺的洞！！
好厲害——！
將軍，發射很成功耶！這個武器可以用在戰場上吧？
顫抖
顫抖
這種武器太不人道了！
我不喜歡！
!?

我們不能違逆將軍，所以這種武器被雪藏了。
結果自製武器都沒派上用場。
難道就沒有可靠一點的武器嗎？
克倫軍的旺卡基地，是物資充裕、緬甸政府軍難以攻下的堅固要塞。
政府軍
然而，一處牆壁經敵人猛攻後，竟出現破口。每次通過那裡，都會被敵軍鎖定。
バン!!
バン!!
只有這裡的牆壁損壞。
通過時都得冒生命危險。
話說回來，我們做過裝甲車喔。
就是這個，我們等很久了！
當大家商量有什麼好方法時，
若有裝甲車就好了。
別傻了，哪有錢買啊？
對了，我記得基地的角落有一臺很老的推土機。
你提推土機幹嘛？等等……。
裝甲車搞不好有戲喔？
我們把推土機上沒用的東西拆下來，然後把鐵板熔接上去。
最後在車頂裝上機槍。
雖然有點醜，但總算打造出一臺裝甲車啦！
太酷啦！
我們根本是天才！

喂…這隻機槍好像動不了耶？
ガチッ
機槍只能瞄準一邊！這是哪個天才的傑作？
……
機槍就只是花瓶啦，不能用也沒關係。
真是無語了。
雖然從一開始就有很多問題，但實際坐上去後才發現……
好燙！這個鐵板超燙的！
ジュッ!!
車裡悶熱，因空間狹窄，且手沒有能抓的地方，只要車身稍微搖晃…
ゴトン!
好燙啊！不要推啦！
哇咧！都可以在上面煎荷包蛋了！
熱帶地區的太陽真可怕。
ジュウウウウ
投入實戰後，雖然可以通過牆壁的破口——這臺裝甲車
這傢伙頂得住吧？
ガガガガ
我們根本是槍靶子！
因為推土機本來就走得慢，現在加上厚重鐵板，速度肯定慢到會被敵人當靶子打。
你太冷靜了吧！

裝甲車挨點子彈應該沒關係……
然而，一顆敵軍子彈竟穿透鐵板打進來，在車裡亂竄。
呀──！
其實礙於預算，當初在買鐵板時，我們只買得起薄鐵板。
怎麼回事？
幸運的是，車內沒人被彈跳的子彈射傷。
這裡是地獄……。
這臺裝甲車得到「棺材」的綽號。
ちーん…
在那之後，沒有人有勇氣乘坐它。
……
說實在，因為戰場其實是一個挺無聊的地方，
所以不能否認，大家有時也會想找事做，來轉換心情。
機槍、戰車、火箭砲，這些都是男孩子的夢想。
你們的想法有點天真耶……。
笨蛋！你們是笨蛋吧！
或許可以說，軍人是一群保持純樸的心，直接從男孩變成了大人的男生。

7

軍隊裡的各種專家

軍隊裡存在各式各樣的兵種。
Speciality
今天就來告訴大家，一般人不太清楚的特殊兵種吧。
好的，老師！
狙擊手（Sniper）
藏身用的吉利服(Ghillie suit)
狙擊手不喜歡戴頭盔
首先是大家都感興趣的狙擊手。
我最喜歡看有關狙擊手的電影了！
RT-20 型 20 毫米大口徑狙擊步槍
《美國狙擊手》、《狙擊生死線》、《史達林格勒》、《搶救雷恩大兵》、《戰略陰謀》……
狙擊手，新垣結衣飾
《S-終極警官》裡，綾野剛和新垣結衣演的也是狙擊手哦！
不要再秀你的宅知識了。
話說回來，狙擊手真的很帥耶！
說是這麼說，其實，狙擊手的工作很無聊。

※日本漫畫，骷髏13是擁有超一流狙擊能力的主角。

提到機關槍，很多人會想到藍波生氣時用機槍掃射的畫面。
擔任機槍手的，都是腦袋裡裝肌肉的人嗎？
舉例來說，機關槍手可連續射擊來牽制敵人的行動。
動彈不得。
敵
敵
敵
敵
連射
我方
我方
我方
我方
機槍手
因為此時敵人只能趴著無法攻擊，所以我方就能見機占據有利的位置。
原來如此。
恰恰相反。
比起殺敵，機關槍更像是用來支援我方的武器。
喔？
有可能機關槍手一邊射擊，我方一邊發動進攻嗎？
機關槍手只會從較遠的地方支援。
機關槍又重又大，操作者必須得視力好、頭腦清晰。若機槍手無法支援自己人，那就白搭了。
電影都是騙人的！
是你B級電影看太多吧。
擲彈兵（Grenadier）
擲彈兵除了步槍外，還會攜帶榴彈發射器。視戰場上的需要，更換手中的武器。
榴彈發射器聽起來好酷炫！
ズズズ
榴彈（Grenade）是炸彈的一種，其中包含手榴彈（Hand Grenade）。
擲彈兵使用的武器很多元。
單發型。
轉輪式彈巢。
裝在槍身下方的類型。

裝在普通步槍前方，可以發射的榴彈，稱為「步槍用榴彈」。
裝在步槍上後可以發射
藍波使用的RPG7，也是擲彈兵的武器之一。
RPG 7
擲彈兵性格通常和武器一樣，比較狂放。
大爆炸吧！耶——！
情緒經常處在亢奮狀態。
和狙擊手剛好相反……。
通訊兵（Radioman）
接下來是通訊兵。
雖然不少人「懂一點通訊」，但很少人把通訊當專職來做。
部隊裡有通訊兵，有什麼好處嗎？
和其他部隊離得很遠時，有時資訊就成為生存的關鍵。
背上的無線電設備，看起來好重哦。
第二次世界大戰時，
很～沉重
其實距今也沒過很久。
現在可以使用衛星電話嘍。
衛星電話雖然方便，但因不屬於軍方通訊系統，所以使用時，存在機密情報外洩的風險。
衛星電話使用的暗號可以被破解，除非碰到無線電機故障，或在深山中無法使用，部隊通常不會使用衛星電話。

醫護兵（Medic）
部隊最希望擁有的兵種。
有的國家只給醫護兵手槍。
醫護兵通常都是被請客的那一位。
但在大大象裡，醫護兵手上也有步槍
有醫護兵在，大家比較安心對吧？
有沒有醫護兵，部隊士氣真的差很多。
儘管每個人都害怕死亡。
但想到自己受傷後，能接受醫療照護，在戰場上會較有勇氣。
破壞工作兵（Demolition Man）
在克倫族部隊時，我隸屬特殊破壞工作部隊。
因為該兵種人數不多，所以是部隊裡的重要存在。
若缺少回復魔法，夥伴快速進攻時，可能會團滅喔！
怎麼變成說RPG遊戲。
對這個兵種有興趣，可以看史特龍主演的電影《超級戰警》。
DEMOLITI
s.a.p
MAN
這個人什麼都可以演耶。
擔任破壞工作兵的人性格大都冷默寡言。
……
例如領導特殊破壞工作部隊的A中校，平常很少說話。

咦？這個是燒傷痕跡吧？
一流傭兵身上一定要有燒傷！
ニヤリ
雖然中校擺出「帥吧！」的表情，但這只是製造爆炸物失敗造成的。
別說出來啊！
……
ゴゴゴゴゴ
糟糕…我該不會踩到地雷了？
這樣看來，傭兵裡有不少身懷絕技的人耶。
這麼說也沒錯。
步槍手（Rifleman）
其實招募傭兵時，來的人之中90％都是步槍手。
也就是普通步兵（Infantry）！
想成為傭兵的人，主要希望能實際參與戰鬥。
適合當醫護兵或通訊兵的，通常不會想當傭兵。
以十人小隊為例，約有六名步槍手，機關槍手、擲彈兵和通訊兵各一，及小隊長。
有時小隊裡，會有一位射手…大概是這樣。
マ
ラ
擲
通
機
隊長
感謝您的說明，現在我們知道「史特龍有夠厲害」！
我說了這麼多，你們的結論就這樣？

8

被詛咒的榴彈發射器

大家好，我是前傭兵高部正樹。
各位讀者最近過得如何？
大家知道藍波手上的武器是什麼嗎？
是反戰車火箭推進榴彈，通稱「RPG」
其實，我和RPG很有緣。
今天我想來和大家聊一下我和RPG的故事。

我初次使用RPG，是在阿富汗戰場上。
敵方碉堡在兩百公尺外。
高部，你用RPG來攻擊那個碉堡吧～
認真？
當時我想：「講得太隨便了吧？」沒錯，這就是阿富汗式的不嚴謹。
我沒經過射擊訓練，就要我用這個武器！
這裡是板機，照準器這樣操作……。
總之就是吧！FIRE！
バシュウ…！！
聲音好大！
キーン
不過，幾乎沒有後坐力！
沒錯，RPG是一種無後坐力砲。
只需少量火藥，當射手在燃料上點火後，就能發射飛彈，攻擊遠方的目標物。
衝擊會從後方排出去
① 發射
點火
② 加速
然而飛彈發射後，我卻持續耳鳴4到5天。

唉啊，沒有打中耶。
!!
高部！快躲起來啊！
？
事實上，RPG也被人戲稱是「自殺兵器」。
因為和難以鎖定發射位置的步槍相比，RPG很容易讓敵人知道射擊者在哪。
千鈞一髮。
敵人便朝特定方向發動攻擊。射完RPG後，如果不趕快移動，小命就不保了。
唉……下次要小心點喔。
喂！發射前就該說明啊！
哈啊……菜鳥就是這樣。
RPG既然是「反戰車」的武器，它和戰車在戰場上的對決當然也很精彩。
敵軍出現啦！
RPG，該你們出場了！

※ 導彈具有改變飛行路徑的推進裝置，可從外部引導到目標或自行引導。

新式武器果然厲害！
相比起來，你們遜爆了！
しょぼ〜ん…
對不起……。
「RPG真的沒什麼用耶。」
前輩對它很失望！
同時我也決定，去波士尼亞時，不要帶這種武器。
波士尼亞傭兵宿舍
高部，你在阿富汗用過哪些武器？
就AK47和RPG……。
什麼？你會用RPG啊！
呃…是有幾次經驗啦…。
你沒想到這裡也有RPG吧！
真是太巧了！這難道是老天的安排嗎？
這種武器只有用過的人才會操作呢！
就交給你囉。
被坑了！
ガーン…
這些傢伙都不想用「自殺兵器」，所以設下圈套找替死鬼。

抵達波士尼亞一個月後，
某天，我們小隊接到任務，要殲滅駐紮某村莊裡一個敵軍小隊。
我們決定在晚上接近敵營，用炸藥摧毀他們倚仗的坦克。然而過程中因被發現，只能躲進玉米田裡，
我方多人負傷，最後只好採取艱難的撤退戰。
這樣下去，對我們很不利。
怎麼做才能確保撤退的道路？
!!
當時東側陣營主力戰車T-72
敵軍為了不讓戰車遭到攻擊，所以在地面挖洞，把戰車埋進去。
高部，用你的RPG來幹掉那個傢伙。
那個傢伙？
幹掉這臺戰車，撤退就輕鬆不少，而且對方還沒注意到我們。
這是千載難逢的機會。
尼古拉，彈頭！
來了！

RPG射手通常會搭配一名幫忙搬運彈頭的「彈藥手」。
裝填完畢，不要現在就發射！
我當時的搭檔是法國人，叫尼古拉。
……
窸窸窣窣
因為發射後位置會被鎖定，所以他先找地方躲起來
高部，OK嘍！
直到最後，我和這個男人關係都不太好。
我會成為敵人的箭靶，一點都不OK啊！
拜託，一定要命中！
バシュ!!
好耶！
RPG第一次派上用場！
キリキリキリ
欸……這個聲音……
不、不會吧？
果然失敗啦！
RPG根本不給力！

彈頭應該是落到戰車正前方地面上。
啪！
竹書房會議室
……。
原來高部在啊！
怎麼不開電燈咧？
剛剛在自言自語什麼呢？
沒啦，我只是覺得藍波很厲害！
怎麼說呢？
史特龍的電影，我最喜歡《洛基》系列！尤其《洛基：勇者無懼》真的超感人。
我喜歡《超越顛峰》和《眼鏡蛇》，
但心中第一名是《超時空戰警》！
軍人和武器，就像男人和女人一樣，有彼此合不合適的問題。
我覺得你看電影的品味不太好。
你說什麼！
哈哈哈。
我和RPG的故事，就先說到這裡嘍。
LOVE
RAMBO
DER AUFT

9

戰地記者的真面目

高部應該見過
許多戰地攝影師
和戰地記者吧？
他們是不是一群不
惜犧牲生命的人？
我好佩服他們！
嗯…
對傭兵來說，
這些記者其實…
其實？
只不過是
負擔罷了。
欸？
為什麼？

戰地記者都是冒著生命危險，獨自深入戰地做採訪嗎？
我所屬的反政府方軍隊，為了想讓全世界知道自己面臨的困境，
所以積極接受採訪，某種程度來說，這是一種主動提供的「服務」。
怎麼可能，獨自一個的話，馬上就被幹掉了。
戰地記者一定得和部隊同行。
而照顧記者的工作，會落到像我這樣最普通的士兵身上。
這位是來阿富汗取材的加拿大記者，
雖然他自稱「經歷無數戰場洗禮的強者」，
但當我們帶他看真實的戰場後，
回程時，他卻是這副狼狽的樣子。
吁吁。
不好！他與前面的部隊離得太遠了。
大叔，不可以離開道路喔，因為路旁可能埋有地雷！
吁……。

前面有絆線（Tripwire），請小心！
ドキッ!!
絆線是一種和手榴彈等炸藥連在一起的金屬線，當它被拉動時，就會爆炸。
呈線圈狀的絆線很有阿富汗的特色
我知道啦！
我怎麼可能會上鉤呢？
哎呀！
ドサッ
!!
背包和背部間的空隙勾到線。
拉扯
我怎麼摔倒了？
不要動啊！
如果他直接站起來，在他旁邊的我，毫無疑問會一起被炸飛。
……
話雖如此，這位大叔工作上還算可靠。
戰地記者中，有些人相當隨便。

我在緬甸時，某次某知名軍事雜誌的記者前來採訪。
這位記者在後方時，拍了許多傭兵和地方士兵的照片。
我們收了錢後，
在前線拍了一堆絕對派不上用場的照片。
但當我們要往前線移動時——
ゲス～
不好意思，可以請你們拍一些前線照片給我嗎？
這傢伙完全沒職業尊嚴耶。
回到後方，我們把相機還給記者時，他超開心。
當時沒有數位相機，
所以無法馬上確認照片
感謝幫忙，這樣我就能寫出一流的報導了！
……
我確信相機裡的相片，沒一張能用，嘿嘿嘿……。
惡魔！
相反的，「過於積極型的記者」也很麻煩。
戰地記者基本上，都是人道主義者，這位法國人就是典型代表。
武器無法解決任何問題！
想結束戰爭，要有不攜帶武器，直接與敵人面對面的勇氣！
你可以自己試試看，我不會阻止的……。

但這位法國人看到敵人後，態度立刻變了！
打啊！打啊！
你們在幹嘛？還不快點射擊！
你不是反對戰爭嘛！
過了一陣子——
那個法國人寫的文章刊出來了！
發生在波士尼亞的戰爭沒有絲毫正義可言，如野獸般嗜血的傭兵在那裡……。
寫得這麼過分，反而讓人有點感動。
嗚嗚。
我了解報導多重要，也覺得不能缺少戰地記者，
但要我們保障他們在戰地的飲食、移動方法和人身安全，
除了麻煩，是否不太合理？
雖然還是有認真工作的記者啦。
戰地記者跟想像中的不太一樣。
どよ～ん
對了，還有一則故事與前面提到的加拿大記者有關！

事情發生在絆線事件的隔天，大家乘坐卡車回營時，
當時卡車上放了許多裝滿汽油的油桶，大家各自找空隙坐下。
像我這種資深記者，是不會被小事給嚇到的。
還真敢說。
亞洲、中東、非洲宛如地獄……。
啪嗒
在這種環境下……
汽油
汽油
汽油
汽油
汽油
汽油
抽菸？
你是白痴啊！
!?
以上是傭兵眼中所見的戰地記者，
要是旁邊沒人這個大叔已經死兩次了，
我清楚記得他的名字，要不在這裡公開呢？哼。
信或不信，全憑讀者自己判斷嘍。
……
高、高部，請冷靜一點！

10

我的奇葩弟兄們

托馬斯是我的傭兵朋友，我們曾一起在波士尼亞參與戰鬥。
微笑
他曾在法國外籍兵團的陸軍傘兵團服役。雖然當時才二十多歲，但他已是分隊長，是一名相當優秀的軍人。
微笑
不過，他決定成為傭兵的理由卻相當奇葩。
托馬斯為什麼想當傭兵啊？
因為德國採行徵兵制啊！
我不想入伍，所以才加入傭兵的。
這是什麼理由？

※托馬斯參與波士尼亞戰爭（1992年至1995年）時，仍需要服兵役。

加斯頓，長得很像喬治．克隆尼，
稜角分明
是出身自特種部隊的帥哥優秀傭兵。
雖然他的脾氣溫和……
今天的早餐是法式炸馬鈴薯喔！
……
馬鈴薯被切成細條後油炸（形狀像薯條三兄弟）
這種垃圾怎麼能叫「法式薯條」！
踩到地雷了！
夠了，我來做！
這才是真正的法式炸薯條。
看起來好好吃啊。
你做的是難民炸薯條！
太、太過分了。
別放心上。
從那天起，早餐就由加斯頓負責了——
基本上，他人不錯啦。

※二戰後尋求復興納粹主義，利用意識形態來促進仇恨、攻擊少數民族種族。

克里斯多福是讓我留下深刻印象的德國人。
ムスッ
他沉默寡言，不知在想什麼，有點難親近。
不知道是否和他不擅長說英語有關。
……
當大家開心聊天時，他總板著臉，安靜的待在一旁，沒有要加入的樣子。
部隊裡流傳一則克里斯多福的八卦，
據說他是為了離開被他搞大肚子的女友，才來波士尼亞。
由於本人不肯定也不否定，
直到今天，我們仍不知道真相。
某天戰鬥時，由於我方受到激烈攻擊，迫不得已只能後退。
麥可
而克里斯多福的搭檔麥可因為受傷，所以被困在危險地區內。
搭檔（buddy）是為了提高安全，行動時兩人一組，
※危險刑警
在刑警劇裡能看到。
砰
砰
砰
糟了！
要救出麥可有點困難。
可惡！只能拋下他了。

※日本刑偵電視劇。

啊，克里斯多福！
別出去，會被殺的！
克里斯多福穿過槍林彈雨，救出了麥可。
加油！
然而，就在快要回到我方陣地時……
チュン
チュン
就快到了！
チュン
チュン
砰……。
——雖然麥可獲救了，
他是好人。
嗯……。
但克里斯多福卻被敵人擊中，並在回程嚥下最後一口氣。
傭兵願意為搭檔赴湯蹈火，但面對敵軍密集的砲火，冒著生命危險去救搭檔的人，非常少見。
不論克里斯多福的流言是真是假，都不影響他最後展現出來的勇氣。
這就是我對他的評價。
傭兵在戰場上，為我們呈現出人類的正反面。
對生活在和平國度裡的人來說，他們的故事充滿魅力。

11

兇手是自己人

※HVO＝克羅埃西亞國防委員會，是波士尼亞與赫塞哥維納的克羅埃西亞人軍事組織。

事件發生在巷戰進行到最激烈的時候——
我們部隊各自分散，與敵軍對戰。
羅伯特躲在一棟廢墟建築的二樓攻擊敵人。
與此同時，其他部隊也展開行動。
其中一支由四名外國人所組成的「教練團隊」也參與此次戰鬥。
敵人的攻擊
RPG
教練團隊裡一位英國人，用RPG瞄準羅伯特的藏身處。
……
然後扣下板機發射飛彈。
!!
從敵我雙方位置來看，絕不可能是誤射。
看來是故意的。
肯定從一開始就打算殺了他。
我們堅信是教練團隊殺害了羅伯特，
是因為他們之間，早就存在許多嫌隙。

教練團隊是政府雇來訓練當地士兵的國外軍事專家。其實和傭兵是同行。
在我們眼裡，他們沒比較厲害，但教練團隊很瞧不起傭兵。
因此，雙方衝突沒有中斷過。
喂，誰允許你們使用這個教練場？
……
他們每次找碴時，老針對傭兵隊的副隊長羅伯特。
我並不清楚他們到底有什麼過節。
他們的關係越來越惡劣，也不難理解為何會引起殺機。
當天的戰鬥結束後，我們立刻到隔壁部隊問明白。
什麼？那些傢伙回到後方了？
嗯，四個人慌慌張張的回去了。
逃了是吧？
果然他們就是犯人！

這是羅伯特嗎？
嗯。
不要看比較好。
樣子很悽慘。
可惡！
其實教練團隊4人一起上前線，這件事原本就很蹊蹺。
儘管他們嫌疑很大，但我們不能擅自離開前線，
所以只能等到為期一週的前線任務結束後，才能調查真相。
一週後，後方基地
我說過很多次，
他們已經調到其他基地了。
那些傢伙畏罪潛逃！
我不清楚，這是上面的決定。
教練團隊的人合謀殺害了羅伯特！
殺羅伯特的是他們，我們並不知情。

不要裝傻，你這個渾蛋！
不然你想怎樣？
吵鬧什麼！
旅團長…
你們說的我都了解，
或許你們說的是實情。
這樣的話！
但你們傭兵應該很清楚吧？
Friendly Fire（友軍誤傷）在戰場上是家常便飯。
就算我們抓了那個英國人，只要他說是誤射，軍隊也只能相信他的話。
別抱怨了，忘了它吧。
關於這件事，你們是無能為力的。
這件事就這樣結束了。
感受…
超糟的！

想在戰場上殺掉討厭的人，
是再簡單不過的事了。
手邊就有武器，就算被逮捕，只要堅稱是誤射，就不會被追究。
所以有些人會不顧良心譴責，也沒有什麼好驚訝的。
太可怕了。
雖然傭兵給人的感覺很冷漠，但其實不少傭兵都很開朗，喜歡社交。
而且大家都很清楚，在部隊裡樹敵，很可能會遭到同袍暗算。
……
他真的是不錯的人。
是啊。
傭兵的遺體不像正規軍會被送回母國，而是被安葬在遙遠的異國他鄉土地裡。
莫名的死亡或光榮離世，都是死，
願羅伯特的靈魂能得到安息。

12

克倫族的日本兵傳說

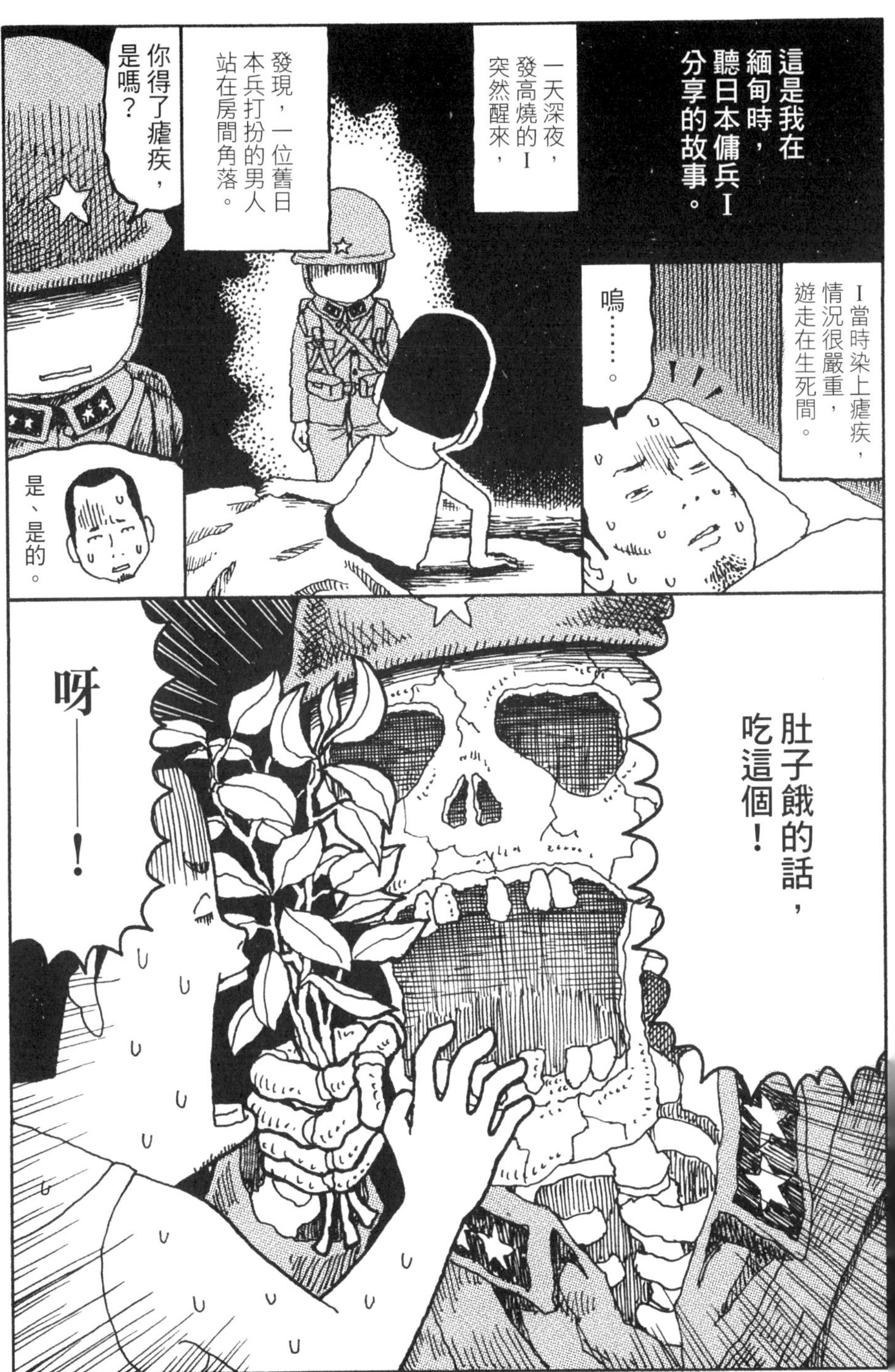
這是我在緬甸時，聽日本傭兵I分享的故事。
I當時染上瘧疾，情況很嚴重，遊走在生死間。
嗚……。
一天深夜，發高燒的I突然醒來，
發現，一位舊日本兵打扮的男人站在房間角落。
你得了瘧疾，是嗎？
是、是的。
肚子餓的話，吃這個！
呀——！

然後呢？
之後I再次陷入昏迷。
後來我們才知道，原來那是克倫族人用來治療瘧疾的草藥。
嗚哇。
I雖然暫時恢復健康，但幾個月後又染上瘧疾，這次沒能救回來。
那個男人是日本兵幽靈嗎？
其實生活在叢林裡的少數民族之間，流傳相當多有關日本兵幽靈的故事。
一切要從日軍在緬甸惡名昭彰的「英帕爾戰役」說起。
英帕爾戰役是二戰時，日軍在緬甸戰役中，被稱為史上最愚蠢的作戰計畫。
在這場戰役，日軍傷亡人數高達18萬人，至今仍有許多日軍遺體留在叢林裡。
天啊……。

如今走在叢林裡，還能看到散落在各處的日本軍飯盒、水壺和軍刀。
……
我駐紮的地方是二戰快結束時，日軍的撤退路線。那時有好多人死於飢餓和疾病。
這是我小時候
克倫族的長老
發生的事情。
好多日本兵乘著筏子，從河的上游下來。
他們想順著河流，到河口處後走海路逃亡。
我們這群孩子當時拚命想告訴他們，不能這麼做。
但因語言不通，他們就這樣離開了。
最後正如我擔心的，日本兵全被充滿亂石的急流吞噬。

聽完故事後，我們到那處急流附近，立了一塊慰靈碑。
慰霊の碑
之後還從日本找神社祭司，來這裡做追悼儀式。
沒想到你們還做這些事啊。
還有地方發生過靈異事件！例如…
刻有日本兵遺言的岩石！
但我們實際去一趟，發現岩石上的文字已經無法辨識了。
於是我們在旁邊樹幹，用刀子刻一些話。
你是參加校外教學的學生嗎？
還有受傷和生病的日本兵待過的洞穴。
聽說只要靠近那裡，就能聽到從裡頭傳出的呻吟聲。
嗚……。
啊啊～
……
有人說往洞裡瞧，會看到許多因受傷而被部隊拋下的日本兵。
!!
太嚇人了！
因為聽起來很可怕，所以我沒去過。
那怎麼行，一定要去看一下啦！
對啊、對啊。

我來說一個親身體驗過的最恐怖的事。
？
某晚，當我們圍著營火喝咖啡時，日本同袍N突然開始說奇怪的事。
你們剛才有聽到從後面傳來的笑聲嗎？
沒欸，你不要嚇人啦！
大概聽錯了。
窸窸窣窣……
誰？到底是誰！
喂喂，別鬧了啦。
靜悄悄
一定是日本兵幽靈。
ぞ~っ
之後還發生一件事。
憋不住啦
咦？
日本人K在半夜去小便時，
發現廁所旁蹲著日本兵。
呀——！

發生這些事情後，N和K分別死於瘧疾和戰場。
包含前面提到的I，只要看到日本兵幽靈，都會在半年內殞命。
這……
就是所謂的詛咒啊！
我為了不碰見幽靈，使出渾身解數。
不能起來、不能起來
就算突然從睡夢中醒來，也絕不睜開眼睛。
日本兵幽靈在緬甸叢林裡徘徊……
因為只要看到幽靈，就意味著生命結束。
……
戰場果然是生與死的交界處。

13

傭兵生活與叢林純愛

在緬甸的某天
喂，出擊命令下來了喔！
了解，出發前我先回訊息。
寄件人「結衣醬♡」？
結衣醬♡
結衣醬♡
你好嗎？
8/19 14:21
在做什麼呢？
啊～是上次回國時認識的酒店坐檯小姐。
克倫軍的戰場，基本上在收不到訊號的山上。
把天線的線路掛在樹上
但在接近泰國邊境時，有時會出現一格訊號。
看發信時間，是想找玩伴吧。
回信♪
……？
戰鬥中，之後再連絡喔♡
突擊～♡
這樣會讓人誤會啦……。

接下來要說和女生有關的故事。克倫軍裡有一隻部隊由大學生組成。
他們為了促成國家民主化，而加入民族獨立戰爭。
我和其他日本傭兵被任命來訓練這支部隊。
該部隊成員在緬甸內，雖算是菁英階層，但其實是約二十歲的年輕人。
悶悶悶
自然對異性充滿興趣。
我在某晚隨口說句玩笑話。
你們真的很不耐操耶。
要不要挑戰從隔壁基地帶兩、三個女生過來？
其實我在的旺卡基地旁，有一個名叫IEJYO的訓練基地。
這裡專門訓練護理人員。
一小時後……
老大，我把她們帶來了！
帶人來？誰？
你們好～
學習護理的女孩子們
笨蛋！竟然真的帶女孩子過來！

當時已過了晚上10點，沒有供給電力，位於叢林裡的基地籠罩在黑夜中。
這下麻煩了。
日本傭兵們
現在把那些女生送回去，事情會鬧得更大。
還不如將計就計吧。
聽好！快把飲料和點心都拿出來！
不管那麼多了！
就這樣，深夜裡的軍事基地，辦起聯誼活動。
雖說是聯誼，但基地禁止有酒精飲料。
所以實際上，只是喝茶、吃點心的普通交流會。
或許女孩子厭倦每天的訓練，感覺那晚她們聊得很開心。
聯誼活動直到黎明才結束。
下次再辦活動吧！
在男大生目送下，我們只能祈禱那些女孩不要出任何意外。
老大，司令部找你過去。
嘶…
果然，該來的還是會來。

白痴！
腦子裡到底在想什麼！
我們被上校訓了兩個多小時。
在你們國家，可以擅自把女生帶進軍營，還不被罰嗎？
如果你們不是外國人，一定會受到法律制裁！
之後我們也到IEJYO道歉。
被魔鬼看護教官念了2個小時。
不…在日本也不能這麼做。
我們好好反省。
絕不會再犯。
聽高部說的故事，感覺就像電影。
成年後被別人數落成那樣，是頭一回，也是最後一次。
還有一件事，在破壞工作部隊裡，有一位克倫族同袍叫霍夫曼。
只要他看到我，就會一直說，
被罵到懷疑人生。
Momoko！Momoko！
？
後來才知道，原來他是菊池桃子的鐵粉。

當時（約一九九二年），兩位日本偶像，擁有忠實的克倫族士兵鐵粉。
人氣最高的是岡田有希子。
其次是菊池桃子。
你們知道有希子跳樓自殺嗎？
這是假新聞，
我們絕對不信！
陷入混亂狀態
之後，在我要暫時回日本前，
有想要什麼日本土產嗎？
桃子的海報♡
竟然猜中了。
東京
或許桃子在日本沒那麼紅了，
海報，意外的難找。
話說，為什麼我要幹這件事？
經過一番尋找，我在上野阿美橫町發現菊池桃子的海報。
霍夫曼拿到後，一定會欣喜若狂的。
桃子增加了十二倍喔。

回到緬甸後
我帶著禮物回來嘍！
咦？霍夫曼呢？
在叢林裡，
缺乏經驗的士兵投出手榴彈後，碰到樹枝反彈回來，落在霍夫曼旁爆炸。
他一週前戰死了。
幾乎是立刻死亡。
霍夫曼，我按照約定買了你想要的東西。
在天堂和12位桃子，一起快活吧。
部隊裡，有不少純情的人。
じーん…
嗯，不過這畢竟是發生在緬甸，
沒有戰爭時，他們會到泰國紅燈區紓解壓力。
小聲
聽完故事，原本滿感動的……。
……
傻眼！
接下來說說充滿黃色段子的傭兵的男女關係。

14

與女性的性福生活？

史普利特（Split），位於克羅埃西亞境內，是一座被列入世界文化遺產的美麗城市。
我休假時，偶爾從基地跑到這裡悠閒的度過一天。
真和平。
因戰場受創的身心都得到療癒。
嘿咻。
婆婆也來晒太陽啊？
帥哥，要不要爽一下？我在這方面是專家♡
但沒有全套服務喔。
ブガブガ
老太婆！那隻手快停下來！

這個回憶
太糟了。
先不談這事，
談到傭兵時，
免不了提到
女性關係，其
中曼谷又令我
印象最深刻。
緬甸有半年是雨
季，此時發生戰
鬥的機率較低。
雨季時，日本傭兵
會到泰國，租一間
小公寓一起生活。
然後各自到在
當地開店的日
本企業，打零
工賺錢。
或許在緬甸時太禁
慾，所以不少人在
這裡放飛自我。
曼谷近郊有一間
我經常光顧的酒吧，
我們會帶新來的
日本傭兵到這裡
見世面。
在這家店裡
工作的女孩，
包含在舞臺上
唱歌的歌手，
都可以花錢買下來。

不要啊啊啊
喔！
來了、來了。
前輩，我沒辦法在這種地方嘿咻啦！
哈哈哈，想開溜啊？
選好女孩子後，可以到隔壁建築辦事，但房間環境令人卻步。
♪
房間約1.5坪，裡頭只有床墊和一個水壺，沒有對外窗，但有一堆蝨子。
毫無情趣可言。
一般人恐怕難以接受。
喂，新人，這樣就想溜掉，之後上戰場該怎麼辦？
二等兵！突擊命令！
是！我會拚死完成任務！
其實，和那家店女孩完事後，大概會得病。
太過分了！
但沒得過性病，怎麼能成為男子漢？
高部好可怕。

讓新人接受洗禮的店還有另外一間。
這間很有趣，進去看看。
別緊張，可以開門偷看啦。
哎呀～怎麼那麼可愛♡
別怕呀，靠近一點♡
哇！
……？
30分後
哈哈，恭喜生還。
呆然。
……
貞操有被奪走嗎？
那家店的男大姐相當驚人。
新人的身心，都受到極大摧殘。
有一次，我們帶曾是自衛隊的攝影師M，
了解曼谷的夜生活。
我們帶M去那間酒吧，一小時過去，他卻沒回來。
會不會出事了？
去看一下吧。

怎麼樣，我很厲害吧！
ハァハァ
ハァ
這傢伙真猛啊。
之後我和他到別家店。
欸，高部，幫我個忙。
什麼？
問她能不能用屁股啊？
？
這要我怎麼問啦！
屁股、進去、OK？
……
這是我人生中聽過最低俗的英文對話。
經過討價還價，雙方達成協議，消失在夜色中。
真男人！

傭兵裡，這種人很多嗎？
也有剛毅正直的人，
但他們通常撐不了太久。
說實在，正經人不會「想上戰場」。
「過好今天，以後的事無所謂。」
大都是這種人從戰場上活下來。
……
SHONIOI
我認為士兵想找女人，是因為每天必須面對死亡威脅。
戰場原則上只有男性，
因此軍人在街上看到女人，會認為「這裡很安全」而放鬆。
並非一定要有性行為。
但有女性在身邊，確實能讓軍人安心。
女性是和平象徵喔！
LOVE & PEACE
現在……怎麼收尾比較好？
今天聽到的故事太糟糕了。

15

奇怪的上戰場理由

請你們帶我到阿富汗。
我好想死。
我在阿富汗當傭兵時，學生W為了拜訪我，竟隻身跑到阿富汗隔壁的巴基斯坦。
可以說原因嗎？
我被女友甩了。
就這樣？
どーん…
你想死是你的事，
但把你帶到阿富汗，只會浪費燃料和食物。
不過你可以開車，到連接巴基斯坦和新疆的喀喇崑崙公路。
估計到了晚上，你會碰到盜賊，完成想死的心願。
……

他直接吃閉門羹。
我又不負責談心，沒有空聽他五四三。
其實，很多人基於奇怪理由而加入傭兵。
有些人還透過出版社找上我。
前自衛隊隊員、消防員……
請讓我當你的部下！
想拜你為師！
對我做什麼都可以。
我又不是SM女王。
想尋死的人很麻煩，但只懂皮毛的傢伙，也讓人受不了。
你加入過自衛隊嗎？
克倫族戰友N
雖然沒有，
但我從美國傭兵學校畢業。
又來一個怪咖！
在傭兵學校待多久？
學完狙擊和戰鬥學程一個半月，就畢業了。
果然啊。

加入自衛隊，一開始要接受前期教育。
光拆解和組裝槍枝、鍛鍊基本體力，就要花三個月。
當時許多傭兵學校，根本是給軍武御宅族玩家家酒的地方。
我以為從傭兵學校畢業的比較厲害。
什麼都不懂的小白用一個半月就畢業，根本是假貨。
原來是傭兵學校畢業啊。
專長是？
我對狙擊有信心！
只要有瞄準鏡，我可以射中約兩百公尺的人形標靶。
兩百公尺是沒裝瞄準鏡的普通步槍射擊距離。
一流的狙擊手可以射中七、八百公尺外的目標。
絕不能讓他加入傭兵！
綜上所述，這傢伙是門外漢。
要想辦法讓他打消加入傭兵的念頭。
像你這樣的菁英，不適合加入我們。
你應該在更厲害的戰場發揮所長。
……

沒想到這麼嚴格。
挑選一起作戰的夥伴，當然要很謹慎。
我想和你們一起作戰！
看上去好可疑！
焼肉
但A是例外，
他毫無經驗卻參加面試，還讓我破例錄取。
沒有自衛隊的經驗，也沒有喜歡的運動。
我們不想說重話
讓我留下！
可是他很固執，怎麼勸都聽不進去。
過程中，我們也變得不耐煩。
別鬧了，快回去！
你做不了任何事。
我很習慣被這樣對待了！
!?
A原在某日本電視臺，擔任綜藝節目的※AD
白痴，AD都幹幾年了？
他經常莫名被訓斥，還被迫接下沒有道理的工作。
對不起。

※意思是助理導演。

好慘。
你滿厲害的嘛。
因為A很有趣，所以把他留下來。
欸嘿嘿。
A後來在曼谷公寓幫我們跑腿。
喂，去買冰淇淋。
遊戲中
收到！
不是說挑人要謹慎！
買回來了！
你也買自己的份？我又沒說有你的。
不好意思！
我們試著帶A到克倫族營地，
前輩，我走不動了。
才走15分鐘耶？
但只要一上裝備，他就立刻不行了。
這一年，我們雖然盡情使喚你，
但還是無法派上用場。
你要不要進自衛隊接受鍛鍊？
好的，收到！
ゴオオオオ
A就這樣帶著燦爛笑容回日本。

A真的加入自衛隊。
A很能吃苦，據說在軍中還獲得晉升。
AD的奴性不容小覷。
但這樣的人畢竟很少。
大部分應徵者是因感興趣，或覺得帥氣。但只要說「必殺句」，就會打退堂鼓。
必殺句？
當傭兵存不到錢，沒國民年金、沒健保，未來毫無保障，
之後回日本，也沒有正經公司敢錄取你喔。
最重要的是，因為是窮光蛋，所以女生絕對不會看上你。
大部分人從此徹底消失在我面前。
你的頭上好多迴力鏢耶。

16.

最不受歡迎的一群人

因為這天較晚結束演習，所以大家都很餓。
好餓啊！
來大吃一頓吧。
老伯，晚餐5人份。
然而，到基地食堂時……
今天沒有肉。
どーん
怎麼這樣。
感覺好空虛啊。
只吃馬鈴薯泥和德式酸菜要怎麼作戰？
好想吃肉哦。
來，多吃點。
與其給他們，還不如給你們吃呢。
汪
汪
汪
我們的肉——！

傭兵明顯不受歡迎耶。
對啊，很多當地士兵都很討厭我們。
除了經常擺臉色，也會無視我們。
有時傭兵上街喝一杯，也會與當地士兵發生口角。
傭兵和當地士兵是不同部隊嗎？
沒錯，傭兵部隊不但獨立且成員只有傭兵。
其實我們懂當地士兵的心情。
對他們來說，為了自己的國家，只能上戰場。
而傭兵是喜歡戰爭，抱著玩樂心態到自己國家的人。
當地居民又怎麼看你們？
你們幫忙作戰，應會受歡迎吧？
在相對和平的城市，確實如此。
但前線地區飽受戰火摧殘的人就不這樣想。
我多次造訪難民營，那裡的人都是房子毀於戰火或家人被殺害後，逃到這裡。在他們眼中……

這些傢伙跑來我們國家殺人。
有仗可打，很棒是吧？
你們過得無憂無慮。
就是你們挑起戰爭！
眼神令人難受。
不管怎麼說，參與戰鬥時，當地士兵和傭兵的待遇總該一樣吧？
其實，傭兵和當地士兵的地位相當不對等。
昨天那場戰鬥太糟了。
偵查時碰上敵軍，結果發生激烈槍戰。
鮑勃戰死，大衛和克拉倫斯受重傷！
傭兵部隊被打得遍體鱗傷啊。
那些傢伙很慢才來支援。
報紙上有沒有寫什麼？

「我軍無人傷亡，取得大勝利！」
……………
怎麼會這樣？
因為傭兵不是正規軍的一員。
若是當地士兵受傷，標題就變成「10人戰死，20人負傷」。
但這種負面消息變多，會影響輿論，
助長所謂的「厭戰情緒」。
所以不管傭兵死多少人，報紙都不會提到。
只要當地士兵無人傷亡，就是「毫髮無傷」。
好過分。
在指揮系統中，傭兵和當地士兵也不同。
當地部隊的命令系統成金字塔狀，
傭兵屬於外部團體，接受旅團長調度。
旅團長
旅團
大隊
中隊
小隊
傭兵部隊
儘管傭兵也有分階級，但那只是為了分發薪水而便宜行事，實際上並沒被授予階級章。
順帶一題，我的軍銜是中士。
不論傭兵階級多高，都不能對當地士兵下任何命令。

說白一點，傭兵擔任的角色是「先遣部隊」。
敵
敵
敵
敵
傭兵部隊
本隊
本部隊藉由傭兵和敵軍交戰，獲取情報，等敵軍耗損到最大程度，當地士兵才登場。
傭兵存在的目的，就是盡量減少當地部隊傷亡。
這樣傭兵不是
很危險嗎？
傭兵可以派到任何地方，就算傷亡慘重，也不會報導。
對指揮官而言，傭兵是相當方便的工具。
真是太糟了。
傭兵被當成砲灰，你們都不生氣嗎？
還好，大家都做好心理準備。
原本就不期待當地士兵和居民會歡迎我們。
……
「反正，就這樣了。」
不過有件事讓我難以釋懷。
我所屬部隊是波士尼亞國內由克羅埃西亞人組成的克羅埃西亞國防委員會。
這支部隊由克羅埃西亞指揮。
當時處於戰爭中的前南斯拉夫諸國，因「（各國）僱用傭兵擴大戰爭規模」等輿論而受到非難。

當時克羅埃西亞總統圖季曼，
我國軍隊裡，沒有外國軍人！
對外說了這樣的話。
有一天，總統來基地視察。
高部，請你明天在基地外待一天。
為什麼？
因為你一看就是外國人，所以絕不能出現在總統面前。
……
你就是「不存在的外國傭兵」。
不但被當地居民嫌棄，被正規軍當成砲灰，現在連總統也不承認傭兵的存在。
我當時都驚呆了。
哈哈哈
……
……
高部到底是哪裡想不開，才去當傭兵？

17

戰場上的戀愛插曲（前篇）

他是來緬甸參戰的日本青年M。
個性說好聽是認真，說難聽是笨拙。
他25歲時，曾加入自衛隊。
我現在要分享M和某位克倫族女性的故事。
這是發生在戰場上的戀愛插曲。

※有夫之婦與丈夫以外的男性發生通姦行為，兩人都會被判刑。

就在某天——
不好啦，警察好像把薇薇安帶走了！
真的假的？
軍事司令部也開始調查這件事。
M的英文不太好，所以我充當翻譯。
官員
這裡有沒有人叫M？
M也被警察帶走了。
他是克倫族的司法部長。
司法部長？
克倫族為了獨立，與緬甸軍隊作戰，當時克倫族支配的地區，由克倫獨立政府統治。
雖然只是小政府，但由司法部長親自調查，
可以看出，嫌犯是外國人這個案例的特殊性及嚴重程度。
在〇月〇日，有人看到你們一起進入旅館。
唉，我早說過會出問題了，果然啊……。
我不知道你這個外國人會被怎麼判，
但薇薇安最高會被判3～7年有期徒刑。
M，怎麼辦？
如果說，是我強暴薇薇安，
她是不是就不用坐牢？

幫我翻譯，是我強迫薇薇安的！
M是真男人！
強暴最高可判死刑喔，這樣沒關係嗎？
垂頭喪氣
……我們兩情相悅。
把我5秒前的感動還來！
隔天開庭時，作為證人出庭的，
都是自己人耶♪
都是M以朋友、兄弟相稱的人。
然而他們的證詞，都對M不利。
他們的關係不正常！
出軌是錯的，重罰他們！
M的人緣好差！
讓人不安的是，克倫法庭上沒有「辯護人」的概念，法官聽完證詞後，立刻做出判決。
被告薇薇安處5年有期徒刑！
被告M驅逐出境！
ドーン!!

隔天，M搭船朝泰國前進。
在小船上，M放聲大哭。
……
當船行駛一陣子後，突然往岸邊靠過去。
我要去小便，
看守警官
回來前發生的事，我會當作沒看到。
？
M！
薇薇安？
船靠岸地點，離女性受刑人監獄很近，為了讓兩人見最後一面，看守警官聯繫監獄看守人員。
你人真好！
雖只有10分鐘，但這個充滿人情味的舉措，讓他們能好好告別。
你在獄中肯定不好過，但我一定會來接妳！
我會等你的♡
我會照顧薇薇安
辛苦您了

回到船上後，M沒有再哭哭啼啼。
我決定了！
在薇薇安出獄前我絕不抽菸！
グシャッ
好小的決心！
真浪漫啊。
難得從高部口中聽到暖心故事。
其實禁菸一事有後續發展。
一個月後，因克倫軍進入停戰時期，我們便趁時候找M。
M，別來無恙啊！
ビクッ!!
這、這是剛來我家的客人抽的。
菸霧瀰漫
別裝了啦！
在下一章，我繼續說這篇故事的後續。
他就是這種人。
……

18

戰場上的戀愛插曲（後篇）

M因與人妻搞婚外情而被判通姦罪，遭驅逐出境。
M回到日本一年後，這件事有新發展。
某天，M突然來緬甸，到克倫族政府軍據點前大呼小叫。
讓我見見總統！
太亂來啦！

後來——
怎麼了？
總統！
既然知道是怎麼回事，我來見見他吧。
您在開玩笑吧？
克倫民族同盟總統
事情是這樣的……
不用擔心，我立刻把他趕走。
我願意替薇薇安服刑，請您放她出來吧！
就算你這麼說……。
總統先生，拜託您！
拜託您了！拜託您了！拜託您了！
嗯……。
……好吧。
我現在把她帶過來，你們要在我面前宣誓結婚。
如此一來，你們正式成為夫妻，離開這裡到泰國生活。
謝謝您！
沒想到會出現有如電視劇般的發展。順帶一提，薇薇安這時已恢復單身。
我們聽到這件事時，還想著「M也有硬起來的時候呀」。
所以，他們就這樣結婚了嗎？
原來是喜劇收場。
真無聊
若事情在這裡畫下句點，確實會是佳話……。
？

※菲律賓第10任總統斐迪南．馬科斯的妻子，讓外界詬病的是其奢華成性。

不久後，我們聽到一個消息。
聽說薇薇安好像帶其他男人回家。
我早就有這種不祥的預感。
其實薇薇安在婚前交過很多男友，因此她在家鄉的風評不好。
我提醒M很多次。
最好多觀察薇薇安，比較好喔。
她才不是那種女生！
M夫妻對策緊急會議
我們應該站出來解決這件事才行。
但目前只聽到流言而已。
真實情況確實還不明朗。
派出偵查兵吧。你去監視伊美黛夫人！
收到！
「薇薇安出軌調查」就這樣展開了。
我到現場了。
情況如何？
有一個男人正要進屋！
欸！
兩人深情對望……
然後呢？
請等一下！
接下來……
真的出軌啦！
ぶちゅううう
哇啊——！

確認這件事後，我們聯絡了人在日本的M。
薇薇安現在和其他男人在一起欸。
騙人——！你們一定在騙我！
2天後
喂？高部，請你立刻帶人過來！
「過來」是指？
我在曼谷的家！
現在什麼情況？
快點來就對了！
當我們匆忙的趕到M的家……
……
一臉不爽的薇薇安
哼
站得直挺挺，手上拿刀的M
ド━━ッ!!
真是可怕的修羅場面。
全裸跪在地上的男人
該怎麼處理這傢伙呢？
今天剛好是收垃圾的日子哦。
饒命啊啊啊！
下次再讓我看見你，你就完囉。
我我我我知道了！
垃圾場
……那薇薇安呢？
之後是我們夫妻間的問題。
也對，你們好好談一下吧。
於是我們就回去了。

又過了一陣子，M帶著如釋重負的表情來找我們。
之後怎麼解決啊？
我原本打算原諒薇薇安，但她好像還有其他男人。
所以只能離婚了！
這樣啊，別洩氣，對象再找就有了。
關於這件事，其實我有新對象了。
她是我的新太太♡
少數民族勃歐(Pa'O)族女孩
你好。
欸欸欸欸？
總結一句，M在緬甸結婚、離婚、再婚，帶新太太回日本。
會不會太扯啦？
雖然幾經波折，但對M來說，這是最好的結局。
聽說他和第二任太太過得挺幸福的。
M和以傭兵為職業，或來這邊見世面的人不同
他之前真的是「為了克倫族獨立」而來到緬甸。
但不知從何時開始，方向越走越偏。
無論怎麼說，他都是可愛的後輩。
總覺得……不太能接受。
算了，故事有趣就好了。

19

我真的好想吃蔬菜！

死者二十萬人、難民兩百萬人——二戰後，波士尼亞戰爭是發生在歐洲最慘烈的軍事衝突。
投身該戰役的傭兵，有三分之一戰死、重傷、變成殘障或失明。
對經歷過如地獄般戰場的傭兵來說，
存在比上戰場更危險的任務。
高部正樹
前傭兵
我們都懷著敬畏之情，稱呼這個任務——
暗號※OBGP「微苦青椒大作戰」！
※Operation Bitter Green Pepper

這是我在波士尼亞吃的野戰口糧。

主菜（含牛肉和馬鈴薯）的調理包

蘇打餅

麵包

蛋糕

火柴

口香糖

水果（水果乾）

花生奶油

野戰口糧（Ration）一包就是一日份。

味道普通，但以戰場食物來說，也沒什麼好挑剔。

但若長期待在前線，每天只吃這些東西，蔬果就會攝取不足。

陷入這種狀況時，每個人都變得極想吃※生蔬菜。

今晚採取行動吧！

我要參一腳。

我也去。

加一。

目標是2公里外的菜園！

小心別被敵人發現。

OK！我們走！

到農家的菜園偷菜祕密作戰，啟動！

※指不用料理，可直接生吃的蔬菜。

※從投降的敵人或罪犯身上收繳武器、凶器。

咚！
趕快完成然後回營……。
!?
咚咚咚
咚咚咚
咚咚咚
咻咻咻
咻咻咻
咻咻咻
ビシッ
ビシ
糟糕，被發現了！
快趴下，是霰彈槍！
該死的偷菜賊！
別小看農民，我要把你們打成蜂窩！
ドン!!
ドン!!
ドン!!
ドン!!
ドン!!
波士尼亞戰爭中的民兵相當有名，一般農民家裡也有軍事武器。
畢竟是我們不對，所以假設被殺，也無話可說。
喂喂，那個農民大叔打得真準！
咻咻咻
咻咻咻
菜園沒遮蔽物，我們又沒帶武器，簡直是活靶子。
咻咻咻
咻咻咻
這裡比戰場還殘酷啊！

當我們偷菜時，待在宿舍的弟兄，
哈哈！他們變成槍靶子啦！
咚咚
咚咚
事不關己般的看好戲。
幹得好，繼續射！
咚咚
咚
我們只能祈禱不被子彈打中，一下跑，一下趴。
衝！
咻咻咻
趴！
衝！
咻咻咻
趴！
咻咻咻
咻咻咻
最後有驚無險的活著逃回來了。
髒兮兮
哈哈，你們有夠狼狽的！
被打那麼慘，也沒拿到戰利品，
和我們有什麼不一樣？
啊，嘴巴張開，我餵你吃玉米♡
……
掏掏
易、易卜生，
難道……！

誰說沒戰利品！
一個青椒！
易卜生…很丟臉啦。
你們不就好棒棒。
我們模仿不來啊
唷！蔬菜專家！
……
呀，真是丟臉的回憶。為了一顆青椒，冒這麼大的險，哈哈哈。
虧你還笑得出來。
這是傭兵在宛如地獄的戰場外，出現的偷菜插曲。
苦ッ…!!
賭上性命才得到的青椒，味道好苦啊……。
話說，這是犯罪吧？
漫畫家
西川
25年前的事，追訴期應該過了。
編輯Y

第一部後話

西川

大家辛苦了！
啊——終於告一段落了。
大家喜歡《我當傭兵的日子與戰爭實況》嗎？
雖然第一部從開始連載到結束過了2年半，還出了單行本，但說實話，
我還是無法理解，為什麼高部想當傭兵！
到現在你還這麼說……。
跟第一次接觸到高部時一樣，他每次接受採訪，都會帶伴手禮給我們。
第一次的伴手禮是蘋果派。
難不成這是高部做的嗎？
真香。
沒錯，是我烤的喔。

烤蘋果派的高部，
和操作RPG的高部。
兩者之間的關聯性，
若有似無。
回家後，我吃著
高部送的蘋果派時，
咳
儘管我還是不懂
高部在想什麼，
但他烤的派
確實很好吃。
我好像突然了解，
自己原本
搞不太清楚的事。
──此刻，
一種豁然開朗的
感覺湧上心頭。
關於高部，
還有好多不知道、
不清楚的事情，
讓我更想
繼續聽他說故事，
把漫畫連載下去。
高部的故事會
繼續畫下去。
繼續往後翻，
就能看到
更多傭兵的
戰場生活。
請各位讀者
多多指教！

第一部後話／高部正樹

在翻開本書前，大家對傭兵抱有什麼看法？我想應該不外乎是法外之徒、戰爭猛犬、大量死亡、背叛與謀略。我不否定這些事，但我更相信大家在看完本書後，會對傭兵改觀。

我聽到出版社想把我的故事改編成漫畫時，雖然很高興，但也擔心自己被畫成一個沒血沒淚的猛漢，在戰場上殺敵的硬派作品。如果被畫成像《骷髏十三》的男主角那樣的人物，我一定會羞愧到挖地洞鑽進去。

還好，擔心是多餘的，當我第一次看到自己的漫畫形象時，無法移開視線……因為太像了。我也漸漸相信，西川肯定會如實畫出我陳述的故事。

當然，因為本書內容來自於真實戰場，免不了出現一些殘忍的畫面。但除此之外，書中還有像一塊餅乾帶來的感動，以及我和同袍日常打鬧、口角、蠢事以及喝酒誤事、把妹失敗等，各種笑中帶淚的友誼故事。

感謝西川和編輯Y把我口中缺乏連貫的小故事，組織並改編成一篇篇有趣的作品。因為有他們的努力，傭兵這種原本和普通人生活距離相當遙遠的題材，才能變得如此平易近人。

在本書出版之際，我想再次聲明，這並不是一本有關傭兵的普通著作，在故事裡，我想告訴大家的，是有關傭兵這個職業的另一面。

第二部

這才是戰爭的真相

又見面了，我是負責作畫的西川。
在馬里烏波爾，包含孩童在內，死傷人數不斷攀升
唉，真是不忍卒睹……
烏克蘭局勢陷入泥淖
戰爭是世界上最悽慘的事。
光是看外國的戰爭，我的心情就如此沉重，
若自己的國家發生戰爭，肯定更難受。
衷心希望世上不再有戰爭。
然而有一群人，卻自願踏進戰場。
沒錯，就是傭兵。

本書是前傭兵高部正樹的故事。
我們透過訪談，漫畫，從不同視角，呈現他20年的戰場生活。
和高部見面時，我只覺得他是脾氣好的大叔。
笑瞇瞇
很難想像這位像熊的男人，曾拿著槍在戰場上度過20年。
執政者有時為了利益，把戰爭美化成勇敢行為。
和平主義者把戰爭視為絕對之惡。
他成為傭兵到底是為了什麼？
從高部眼中來看，戰爭既不屬於前者，也不屬於後者。
讓我們繼續看下去，
聽看看「傭兵眼中的戰爭」到底是怎麼回事吧。

1 初次踏入戰場

飛彈固然可怕，但最令人恐懼的是飛彈碎片。
例如迫擊砲的碎片和剃刀一樣鋒利。
ゴクリ
輕輕劃過，就能割下腦袋。
若當下就死了還算好，我曾看過有人肚子被砲彈碎片割破，內臟全部噴出來了
身邊的人還試圖把他的內臟塞回去，這個畫面光是看到就覺得好痛啊。
オエッ…
要是眼睛被傷到也很可怕。
我看過炸彈碎片劃過某人雙眼旁，下一秒他捧著自己的眼球……。
相比之下，少一隻手或腳，都算小事。
看到這些畫面後，讓人很容易聯想自己也可能會死得很慘，
我曾嚇到皮皮挫，整個晚上都睡不著。

一九九八年，我離開自衛隊來到阿富汗，才初次體驗到，什麼是真正的戰場。
雖然我曾屬於自衛隊，但只看過電影的戰爭場景。
初上戰場的那天，有種置身事外的感覺。
太震撼了，好酷！
當子彈從我身邊飛過去時，
原來子彈射過來是這個聲音。
就算看到同袍戰死或受重傷，
當時也不覺得害怕。
當砲彈飛到我附近爆炸時，
砲彈爆炸後真的好晃啊。
然而當晚，被興奮稀釋的現實感，一口氣向我襲來。
今天好多老兵不是戰死就是受傷，為何我能全身而退？
說白了，只是運氣好。

意識到這點後，負面情緒突然排山倒海的湧來。
若明天上戰場被子彈打中，
絕對會死的。
我太天真了，
一時興起來到這裡，才發現所學無用武之地。
這是對死亡和疼痛產生的恐懼。
結果，我整晚沒睡。隔天還裝病，藉此遠離戰場。
喂，出發了。
指揮官
頭好痛……今天要休息一下。
別裝了，快起來！
指揮官直接把我拎起來，強迫我到前線。
今天要做的是利用岩石來掩蔽，並攻擊在斜坡下方紮營的敵軍。
昨天的我輕易就做到了。
敵
但現在的狀態讓我動彈不得。
稍微被敵人看到，就會挨子彈！
ガクガク
我躲在巨大岩石後，陷入極度恐懼的狀態，身體完全不聽使喚。
只要一動，
就會死。

喂，要走了，動作快一點！
這傢伙是廢物，派不上用場。
別管他了，走吧！
我可以留下嗎？
從那天之後的幾天都上演相同的戲碼。
我被拖到前線，然後躲起來什麼也不做，就這樣結束一天。
到了晚上，身體雖累，卻無法入睡。
ブツブツ ブツ…ブツ
我吃不下飯，眼睛瞪得大大的。
就這樣過了4天，到第5天——
在營地後方的小溪晒太陽。
不知為何，這天我軍沒有發動攻勢。
我不行了，還是回日本吧。
欸！對面山上有山羊耶。
喂，日本人，你把那隻山羊打下來當晚餐。
哼，我才不想吃什麼山羊呢。
200～300公尺外的山腰上

碰！
ビシッ!!
啊，沒中。
再來一發。
碰！
ビシッ!!
還是沒射中。
我連續射4～5顆子彈都沒打中山羊，我頓時領悟了。
……
我竟然無法打中被槍口瞄準、待在空曠地方的山羊。
沒錯，被子彈打中也沒那麼簡單！
既然如此，為什麼我要怕這種小概率事件？
パァァァァ
當時彷彿有一道光從天而降，對我做出「啟示」。
哇哈哈！
你的槍法太爛了吧？
拍謝，晚餐該怎麼辦？
讓我露一手給你看。
從那一刻起，我不再封閉內心，
又能作戰了。

傭兵和正規軍不同，上戰場不是義務，所以可自己決定是否到前線作戰。
明知可能會死卻故意到前線作戰，這是與生物求生本能完全相反的行為。
很多人因此放棄當傭兵嗎？
許多人雖想當傭兵，但上了一次戰場後就放棄。
克服這份恐懼，對傭兵來說是入門課。
願意再踏入戰場的人不到一成。
中途放棄的人和高部有何不同嗎？
其實我和他們一樣，可能在第一天就放棄了。
「可能」？
阿富汗戰場前線在偏遠內陸地區，沒人接送幾乎不可能自己走回去。
好想回家啊～
高部是在被強行帶到前線時，碰到山羊事件的？
沒錯。
如果當時的我槍法好，一顆子彈就擊中山羊，說不定傭兵人生就提早結束了。
あっはっはっはっ
看來槍法不好也不錯啦。
是這樣說嗎？

2

信仰不同，就是敵人

我加入阿富汗部隊時，被問…
你信什麼宗教？
你們會怎麼回答？
阿富汗信仰伊斯蘭教，想和當地人打好關係，可以說信伊斯蘭教。
可是，說謊不好吧？
我會說信佛教，但這樣很顯眼吧？
既然如此，乾脆說
「我沒有宗教信仰」。
這是最糟的答案！
搞不好會引來殺身之禍！
!?

當時共產黨部隊，和阿富汗游擊部隊交戰。
對游擊部隊的人來說，沒信仰＝共產主義
說自己沒信仰，等於公開宣布「我是敵人」。
真不合理。
要怎麼回答才好？
……
佛教徒！我是徹頭徹尾的佛教徒！
哇——眼神出賣了你。
其實成員都理解和尊重不同的宗教信仰。
說有信仰，比沒信仰好！
話雖如此，因他們認為伊斯蘭教是最好的宗教，所以不斷勸我換信仰。
高部，要不要信伊斯蘭教啊？
欸——
畢竟我是佛教徒。
喂高部，伊斯蘭教……。
抱歉啦，我的基因不允許我這麼做。
欸，高部。
我不能背叛佛祖啦！

嘖！
一直拒絕會得罪對方，得想辦法應對。
就算在交戰，只要時間一到，穆斯林開始跪地祈禱。
……
因敵方士兵大多數也是穆斯林，所以在禮拜時，不會發動攻擊。
伊斯蘭教規定，穆斯林一天要朝麥加做禮拜五次。
在戰場上，穆斯林依然遵守該規定。
高部，不能這樣走過去。
抓住
？
從做禮拜的人前面走過去，非常失禮喔。
原來如此。
等等……
這樣的話……
我故意走近正在做禮拜的士兵。
♪
接著假裝嚇一大跳，然後繞開他們。
!!
ガーン!!
……
サ
サ
サ
サ
サッ

高部好像滿尊重我們的信仰。
沒能讓他信伊斯蘭教有點可惜。
讚啦，這樣就沒問題了。
宗教關係真的得花心思謹慎處理。
若傷害了對方的尊嚴，很可能會遭到暗算。
真不容易啊。
我後來去的波士尼亞，宗教關係更複雜。
出發前，傭兵夥伴還提醒我。
高部，你千萬別帶著你在阿富汗拍的照片來波士尼亞喔。
為啥？
若被誤會是穆斯林，可能會引來殺身之禍。
……啊，這次的敵人變成穆斯林了。
等我到當地，才發現事情比想像中更複雜。
參與波士尼亞戰爭中，有波士尼亞、塞爾維亞、克羅埃西亞等三股勢力。
匈牙利
克羅埃西亞
塞爾維亞
波士尼亞與赫塞哥維納
蒙特內哥羅
阿爾巴尼亞
亞得里亞海
波士尼亞是伊斯蘭教，另外兩股勢力是基督教。

就算都信耶穌，塞爾維亞是東正教，克羅埃西亞是天主教。
東正教和天主教十字畫法不同
天主教
東正教
不只基督教徒和穆斯林有紛爭，基督教徒內部也有軍事衝突。
都信仰耶穌，
應該不會廝殺得那麼嚴重吧？
我抱著這種心情，參加了對塞爾維亞城鎮的攻擊。
首先炸掉異教徒教會！
耶！炸下去！
到底是多恨對方啦！
傭兵聚會
當地士兵不知道，破壞教會其實對我方不利嗎？
炸掉大型建築，等於讓目標物消失，反而更難發出指令。
看來軍事衝突和宗教間的差異無關。
身為外國人，我無法理解。

還發生過一件事。
高部，要留意聖誕節喔。
怎麼了？
天主教的聖誕節在12月25日，但東正教的聖誕節是1月7日喔。
如果在1月7日慶祝聖誕節，可能會被當成是敵人。
一直強調可能會死……。
因為是在戰場裡，每個人手上都有槍。
大驚小怪
生活在日本，不用關心與宗教有關的事，但在國外得隨時留意。
宗教問題相當複雜，一不小心就會觸犯禁忌，有時甚至比敵人還可怕。
原來如此。
每當我不想繼續跟其他國家士兵聊宗教話題時，都會使用這招……
哪招啊？
喂，高部！
穆斯林
基督徒
你怎麼看？
……
拍謝，我聽不懂你們在說什麼。
好像蠢蛋啊！

3
遺物的去向

傭兵來到戰地時，要先寫下自己的緊急聯絡地址。
這是為了寄遺物。
與遺物一起寄出的信，會由小隊長撰寫。
您的孩子是優秀的士兵，為了克羅埃西亞，他勇敢的踏上戰場……。
傭兵過世後，同袍會整理他的行李，然後寄送回去。
不用說，溢美越多越好。
其實，內容80％是謊話。
但小隊長並不認為自己做錯什麼。
讓同伴的死變得有意義，然後傳達給其親人知道，是活著的我們應盡的義務。

傭兵不太跟同袍談家裡的事。
帶著家人照片的傭兵更是少見。
會隨身攜帶相片的，只有正規軍軍人，
因為他們是為了自己的國家和家人而戰。
成為傭兵的人，大都和家人的關係疏遠。
不少傭兵是從家人身邊逃出來的。
社會上有許多不幸的家庭。
在家裡受虐，
不想和父母見面、
當自己根本沒有家人的人，
在傭兵裡隨處可見。
這個日本人叫D，
呼
呼
我們曾一起在緬甸作戰。
他因罹患瘧疾，被送到泰國醫院治療。由於病情過重，醫生也束手無策。
很抱歉，我救不了他。

D經常說這句話
我已經把日本的一切都丟掉了。
我們曾為了是否要聯絡D的父母考慮一段時間。
每個人成為傭兵的理由都不同，但無不是為了拋棄什麼而上場作戰。
若聯絡D的父母，是否會背叛他原本要切斷「和日本有關的過去」所下的決心？
然而，在D陷入昏迷之前，
我好想回日本……。
這句話讓我們決定連繫他的父母。
我們很後悔，沒能提早聯絡，
因為當時我們才20歲出頭，是叛逆的小伙子，所以才沒立刻這麼做。
儘管D的父母知道消息後，立刻趕了過來。
他剛剛才嚥氣的。
嗚哇哇！
怎麼會這樣。
但還是晚了一步。
……

來說說「不孝子傭兵」吧。
跟前面不同，這是令人傻眼的故事。
過來一下。
副隊長加拿大人波比
波士尼亞
喂，你、你。
還有你。
基地內的郵局
把皮帶脫下來。
蛤？
聽好了，現在我要打電話。
等等我會下指令，你們用皮帶抽地板，知道嗎？
……？
嘟嘟嘟
媽咪——！
波比？是波比嗎？
對，是我，波比。
打電話給媽媽？
為什麼聲音要這麼痛苦？

比手畫腳
只好照做了。
扭動
啊！
扭動
啊！
扭動
啊！
扭動
!?
啪嗤
啪嗤
啪嗤
波比你怎麼了？
媽咪對不起，我搞砸了⋯⋯。
我現在是敵軍的俘虜。
啊！啊！
ペチ
ペチ
他是笨蛋吧！
他們說只要付贖金就會放了我，媽咪救救我，我要被殺了！
我知道了，但要怎麼做？
バチィ
バチィ
示意圖
把1萬美元匯到我說的戶頭就可以了。
突然冷靜下來
克羅埃西亞XX銀行普通帳戶帳號是⋯⋯。
記下來了嗎？接下來是戶名。

寫我的名字就好囉。
根本破綻百出！
辛苦了，等拿到錢，再給你們打工錢！
以上，解散。
這傢伙到底有沒有羞恥心啊？
2週後
1萬美元啊，總覺得有點良心不安。
他演技那麼差，怎麼會有人上當？
啊，副隊長，結果勒？
錢匯進來了。
剛從銀行回來
居然有匯錢！
但只有兩百美元而已。
或許一開始，波比的媽媽就識破他的伎倆了
兩百美元，應該是用來打發他的「安慰獎」。
當時社會還沒出現「是我啦詐欺」。
我的演技明明這麼完美，為什麼會這樣呢？
可惡……
傭兵和家人的故事幾乎是悲劇，但這個有趣但低俗的插曲堪稱絕無僅有。
別一廂情願了！

4 叢林的運輸方式

某天，我們在叢林裡行軍時，遇到了不得了的東西。
咦？什麼聲音？
××××!!
××××!!
怎麼了？發生什麼事？
不要靠近，會有危險！
……!?
是大象——!

緬甸一年有三分之一是雨季。
叢林裡的補給主要靠人力，只要雨大到敵我雙方無法把彈藥和食物送到前線時，
我們會強制休戰。
雨季時的叢林簡直是地獄。
呼呼。
黏呼呼
黏呼呼
腳下全是爛泥，就算是經過訓練的士兵，行走時也很難抬起腿來。
可惡，腳好像變成一團泥。
借過。
在這個時期，大象是最讚的運輸工具。
對人類來說非常難走的道路，大象卻如履平地。
咚
咚
……
因此，雨季時的補給，會交給大象完成。
大象真方便！

補給部隊通常是個別行動，很少有機會能接觸大象。
哇！是大象耶，力氣好大又可愛。
但這隻大象的移動方向與我們相同。
好好喔。
……
我的夢想是騎在大象背上。
今天能實現這個夢想嗎？
真拗不過你，但只限這次喔。
嗚哇！大象好讚！
這隻亞洲象，體型比非洲象小，約2.5公尺高
性格也較溫馴。
♪
大象並非克倫軍的所有物，使用時得向克倫族村落支付租賃費。
克倫族因善於「馴象」而聞名世界。
從以前開始就和大象一起生活。除了訓練野生大象搬運木材，還參與土木工程。

我曾親眼看到野生大象親子渡河的場面。
起初還不知道那是什麼東西。
野生大象是猛獸，最好別輕易靠近。
只是作勢威嚇倒還好，但若大象帶著孩子時，可能會追著人類跑。
我曾被大象追過。
為何不讓大象載客來賺錢？
因為緬甸正處於內戰。
但聽說泰國的景氣挺好的。
JUNGLE TRECKING on the ELEPHANT
泰國克倫族提供乘坐大象穿過叢林的服務。
克倫族分布於泰國西北部到緬甸東南部山地地區。
至於我們這邊只能做軍人的生意了。
有勞你了，大象先生。
哈哈哈，在山上工作的大象和觀光用的大象不同，相當有野性。
你怎麼不早說！
哇！

還發生過這樣一件事……
日本傭兵夥伴
……
你為什麼看那個村民？
我只是在想，若大象能搬東西，那水牛應該也可以吧？
有道理。
而且租水牛好像比大象便宜喔。
剛好行李有點重，我們就試試看吧！
於是我們和水牛的主人交涉。
以低廉的價格租到水牛。
××××××!!
××××××!!
他好像想說什麼，但我聽不懂克倫語。
應該沒什麼大事，先讓水牛分擔重量吧。
完成啦，出發吧。
意外的順利耶。
簡直是完美！
我們太天才了。

水窪
喔？
ぐんっ!!
衝進沼澤啦！
ぐっちょん!!
快抓住牠！
根本阻止不了！
糟了！糟了！
水牛通常會泡30分鐘。
♪
東西都毀了。
我終於知道水牛為何叫「水牛」了。
傍晚回到營地時
……
你們怎麼這麼狼狽啊？
求求你，別問了。

5

為了民主而戰的菁英學生

一九八八年，緬甸發生政變，軍隊建立軍事政權。
之後ABSDF——全緬甸學生民主陣線的反軍事政權學生組織成立。
All Burma Students' Democratic Front
ABSDF
「受到政府強烈打壓的學生逃到克倫族領地，與主張民族獨立的克倫軍合流。」
「學生認為自己也要武裝抗爭，於是接受軍事訓練。」
高部有接觸這些學生們嗎？
當然有，我還負責過他們的軍事訓練。
為了祖國奮鬥，真令人佩服。
感覺可以改編成漫畫。
學生的理想確實高尚，但……。
他們作為士兵，在戰場上根本派不上用場。
好累喔。
東西好重！
我肚子痛。
……
我跑不動了。
好餓。
頭好痛。
生病了～

因他們是第一次當兵，所以我得從最基礎的新兵訓練，培養他們的體能。
立正！
稍息！
行進！
伏地挺身！
但只要訓練稍微辛苦一點，他們就受不了了。
當時的緬甸，幾乎只有富裕階層能上大學，所以大學生大都是富二代。
用日本來說，就像突然集合在澀谷玩樂的人，讓他們接受軍事訓練。
沒體力、吃不了苦、毫無幹勁。
109
所以，就算做軍事訓練也沒用。
不過，他們很會搞宣傳。
畢竟都是聰明的菁英學生。
我們為了祖國的民主，站在最前線戰鬥到底！
絕不屈服於暴力的軍事政權！
ABSDF
ABSDF的報紙上，可以看到這類激情四射的文章。
但這些只是紙上談兵，沒什麼用。

湄索縣，位於泰緬邊境的城市。
沒作戰時，傭兵會來這裡生活。
許多外國記者不時造訪此地。
這裡既安全，又能取材到戰爭的事。
咖啡店
左顧
右盼
欸，有記者。
好，行動！
我們大學生為了民主，豁出性命了！
雖然食物和衣服都不夠，但絕不輕易投降！
噢！你們是緬甸的希望！
這些微薄的採訪費用，希望能有幫助。
太感謝了！我們一定會戰鬥到最後一刻！
今天聽到好感人的故事啊
……
小姐，我要啤酒。
學生靠這招，從記者那裡賺到零用錢。
釣到大魚了！

因為這筆收入對學生很重要，所以我們會裝沒看見，但……
為了民主，我們有犧牲生命的覺悟！
……
為了民主，敵人的子彈一點也不可怕！
那些學生還不收手耶。
要稍微教訓他們一下嗎？
算啦，他們只是想賺零用錢嘛。
民主就是……
為了民主……
無視吧……。
民主！民主！
總之就是民主啦！
……
怎麼啦？
張口就說民主民主的，吵死人了！
要是那麼喜歡民主主義，就不要在這裡當縮頭烏龜。拿起步槍到國境另一邊，在敵人的面前喊出來！
哼！
……
說得好！
完全同意！

我之前提過，學生曾和基地旁看護學校裡的女孩子聯誼。
啊，就是把女孩子帶回營隊，對吧？
原來是這樣啊。
他們就是普通的年輕人
和女生接觸，情緒立刻高昂起來。
就是這群大學生幹的。
有一次我經過司令部時……
你們到底在想什麼？
……？
知道羞恥怎麼寫嗎？
真想看看你們父母長什麼樣！
發生什麼事了？
那群學生從一個美國人那裡拿到不少的錢。
可能太興奮，他們跑去夜店玩。
在那裡遇到提供性服務的女性。

也沒什麼大不了的嘛。
為什麼被罵這麼慘？
因為他們全得病了。
十個人可以打折嗎？
真拿你們沒有辦法。
誰先開始？
淋病
淋病
淋病
哈哈哈…真是一群傻瓜！
淋病
淋病
淋病
病
他們雖然是不合格的士兵。
卻是讓人無法討厭的可愛小弟。
……
下一篇還是這群小笨蛋的故事喔！

6

無法實現的「下次見」

〔前集提要〕
緬甸學生為了對抗軍事政權，建立反政府組織ABSDF
彼らはしてはく使えないツ揃いよ…
病気だ〜
ハラ減った〜
頭痛い〜
高部以克倫軍成員的身分，負責訓練這群學生。但他們根本無法成為有用的士兵。
老大！老大！
是你啊，好久不見，最近好嗎？
他叫敏圖，是高部帶過的學生。
其實，我最近升官了。
你看、你看！
ID卡？「Intelligence Major」？
你居然是資訊部少校！
欸嘿嘿。
DE231964
INTELLIGENCE MAJOR
Min Thu

經過一個半月的訓練，學生會成為「民主化學生部隊」，並編入到克倫軍裡。
但就像前面說過的，他們不是戰力。
克倫軍司令部為了安置這支部隊煞費苦心，最後決定把他們送到位於泰緬邊境的營地。
ぽつーん…
這個營地離前線很遠，因此不太會遭到攻擊。
所以幾乎沒有部隊願意帶他們上前線。
說白了，司令部的做法就是，
這是給你的玩具喔。
哇～
「派不上用場的傢伙，就在遠方乖乖待著」。
但年輕人待在那裡當然會覺得無聊，
於是他們在自己的圈子裡建立階級。
剛才提到的ID卡？
他怎麼看都沒有少校該有的樣子。
原本只知道念書的公子哥，自稱上校、少校。
當然沒人把他們當一回事。
好強唷！哥哥你怎麼那麼厲害啊？
哈哈，沒什麼啦。
不愧是少校大人，出手真大方。
どーん!!
也請我們喝一杯吧。
吶，少校大人！
老大，今天就饒了我吧。

我有一次，也是唯一一次，造訪學生的營地。
大家在忙什麼？
我們在製作機關刊物！
從傭兵的角度來看，他們做的事就像在扮家家酒。
「為了實現祖國的民主」固然偉大，但他們真的有浴血奮戰的覺悟嗎？
沒想到他們竟把印刷機搬到這裡。
這裡儼然變成學校的新聞社團。
在我眼中，他們只是把「民主化運動鬥士」的頭銜往自己身上貼、自我滿足的年輕人。
對他們來說，叢林的軍事生活並不舒服，所以逐漸出現逃兵，一人、十人、一百人……。
部隊規模不斷縮小，幾年後，學生士兵的人數大不如前了。
那時，當地有民間醫療團隊「移動診療隊」。
醫師和護士也穿著迷彩服
克倫族村落出現瘧疾，但離村落最近的醫院，少說也有幾十公里，村民也沒錢看醫生。
因路途中有可能遇到敵軍，所以軍隊會派人保護診療隊。
通常是學生士兵負責此任務。
所以才出現這種徒步提供醫療支援的服務。
由於部隊人數不斷減少，留下來的少數學生士兵被編入到當地的克倫軍裡，
經常和診療隊一起在叢林裡移動。

※學生士兵在訓練期間，和看護學校的學員辦聯誼，結果遭到痛斥。

我們也被隊長狠狠的訓了一頓。
高部還到妳們那邊登門道歉呢。
好懷念啊。
我找之前的夥伴一起。
有敵襲！
好想再辦一次聯誼哦。
這次任務結束後再辦吧。
真的嗎？好耶！
!!
咻咻
可惡！
咻咻
咻咻
我們墊後！診療隊趕快離開這裡！
這樣好嗎？
不要擔心，快點走！
快點！
……

醫師和護士
雖然安全回營，
但那三名毫無戰力
的護衛人員，
下次再一起
玩吧！
ドーン!!
ドーン!!
ダダダ
ダダダ
チュ
チュ
チュ
應該無人生還。
他們和日本學生，
沒有差別，
他們因不想
接受軍訓而裝
病，也會玩弄
記者，騙錢去
玩樂。
雖然幹了很多
蠢事，卻不令人討
厭，因為他們是普
通的年輕人。
在現代，許多國家
有不少和敏圖一樣
普通的年輕人，
在戰鬥中殞命。
不過，讓敏圖
願意拋頭顱灑
熱血的，
到底是祖
國民主，
還是女孩子，
就沒人知道了。
……
我們生活在和平的國家，
雖然不會接觸這些事情，
但它們真實存在……。

7

#「不知道殺了多少人……」

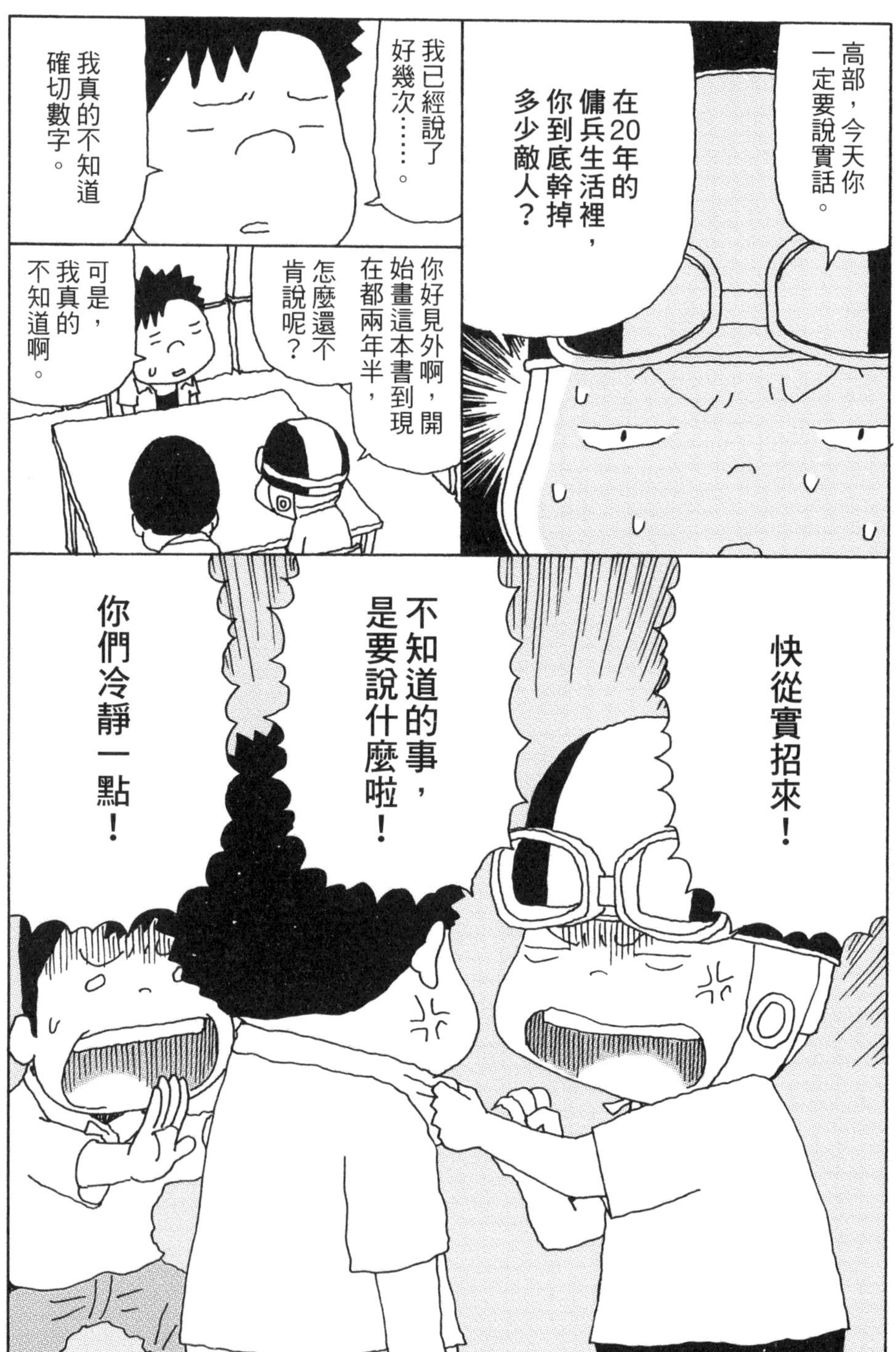
高部，今天你一定要說實話。
在傭兵生活裡，20年的你到底幹掉多少敵人？
我已經說了好幾次……。
我真的不知道確切數字。
你好見外啊，開始畫這本書到現在都兩年半，怎麼還不肯說呢？
可是，我真的不知道啊。
快從實招來！
不知道的事，是要說什麼啦！
你們冷靜一點！

我沒有想隱瞞，是真的不知道自己到底在戰場上殺過幾個人。
在我的經驗裡，幾乎不存在能明確知道「此人是我殺的」的情況。
欸？
一般來說，敵人會躲在遮蔽物後面。
チュン!!
子彈從臉或身體穿出去，是一瞬間的事。
因為我們不斷「射擊、掩蔽」，而且離敵人約一、兩百公尺，所以不可能確認自己殺了誰。
原來如此，的確做不到。
如果在夜晚作戰，就更不用說了。
我確實曾在叢林裡和敵人展開近距離槍戰，但當時情況過於凶險，
所以無法確認射出去的子彈，是否打中敵人。
如果是近距離戰鬥，
應該能看清楚吧？
哇……。
難道沒出現過容易理解的情況嗎？
例如，中彈的敵人像被強風吹走般。

其實，一般的子彈只有這麼小哦。
人類的體重遠遠超過子彈的重量。
被那麼小一顆子彈打到，不可能飛出去啦。
欸？可是電影裡都這麼演。
穿著防彈衣，在近距離被威力強大的子彈打到，身體確實可能會稍微飄起來。
但這種情況在現實中極為少見。
假設我拿著手槍射西川。
由你說這句話，感覺特別可怕！
就算西川中彈，也不會踉蹌。
子彈鑽進體內後，你只會從站姿的狀態應聲倒地。
……
人中彈的瞬間，幾乎不會出現很大的反應。
他中彈了嗎？還是沒有？有沒有可能逃走了？
都是被射中之後，才意識到發生什麼事或感到疼痛。
砰、砰、咚，好，死了。
砰 砰
笑著敘述續那個場景，令人背脊發涼……。
……
敵人是因為中彈被擊倒，還是躲起來，從遠處看真的很難分辨出來。

難怪高部不知道自己殺過幾個人。
這是步兵的真實情況。狙擊手瞄準敵人後開槍，則另當別論。
真無趣～
對了，說到狙擊手，
狙擊真正可怕的地方，是在被擊中前，人們不會發現自己被瞄準。
事實上，要注意到（有人）被擊中，也不容易。
現實中的狙擊，不像電影那樣發出聲音。
ズキューン!!（實際上聽不到）
因為距離槍枝很遠，所以不會馬上聽到，若裝有消音器，幾乎聽不見。
ビシィッ!!（實際上聽不到）
子彈貫穿身體的聲音真的相當微弱。
只有出現視覺情報，像是有人倒下等，我們才會覺察到有狙擊手。
可是，人中彈後倒下的動作，不如想像中的醒目。
因此，當我們經過可能有狙擊手的地方時，大家都會提高警覺。
緊張
緊張
緊張
緊張
緊張
對夥伴的一舉一動，也會變得格外敏感。

有狙擊手？
哎呀
ザッ!!
ガバッ!!
ガクッ
!!
被子彈射中後的倒下動作
幾乎一樣
被東西絆到的倒下動作
別誤導我們啦。
再這樣就殺了你！
有意思的是，經驗越豐富，善於感知危險的部隊，越容易對「不小心絆倒」做出反應。
浪費大家的體力！
抱歉啦。
再說一個我不知道自己殺過幾個士兵的理由。
在大部分的情況下，我們其實無法判斷，到底是自己還是同袍打中敵人。

這跟執行死刑時，按下按鈕的人，不會只有一位有點像。
或許沒人想當結束他人生命的人吧。
這種事只會出現在新兵上，高部可是傭兵，早就克服罪惡感。
不能一概而論啦。
確實有傭兵以殺敵為樂。
然而要一個人去殺另一個人，其實沒有那麼簡單。
就算確定，哪個敵人是自己開槍殺掉，
有些人也會在心裡想「或許是別人的子彈打中他的」，以此得到某種救贖。
看來一般人對傭兵的印象和真實情況，有不小的差距。
原來士兵很難感受到「（敵人）是我殺的」。
不……或許是因感受得到，才刻意不去想。
藉由這次訪談，我們對「傭兵也是一般人」有了新體悟。

8
各國的特種部隊

※Special Air Service

※United States Navy Sea, Air and Land Teams

※United States Army Special Forces

綠扁帽的實戰經驗非常豐富。
我們可以在美國曾參與的戰爭中，看到其身影。
這三支特種部隊雖互為競爭關係，但也會做技術交流，
例如，招募彼此的隊員或派遣自家隊員到不同部隊，
遇到這種情形時，較勁的火藥味會特別明顯。
SAS
グリーンベレー
ネイビーシールズ
日本自衛隊也有特種部隊嗎？
陸上有「特殊作戰群」，海上有「特殊警備隊」，
任何國家都有特種部隊。
其中又以北韓最重視。
據說北韓15%士兵，約20萬人，都屬於特種部隊。
傭兵裡有人出身特種部隊。
但他們不會和我們談「曾待過特種部隊，參與哪些任務」等話題。
因為這些任務，有很多不能洩露的資訊。
成為特種部隊後，會經常被派去執行祕密作戰。
加士頓
法國第一海軍陸戰傘降團
像是隱藏真實身分，潛入他國等。
極秘
作戦
好像電影裡會出現的情節。

想加入特種部隊的人，通常有哪些特質呢？
自願加入的人，通常可分為「想挑戰自己」和「純粹的愛國者」兩種。
不論哪一類型，想加入特種部隊，必須有明確目的。
由於選拔考試非常嚴格，所以若抱著「姑且一試」心態，大概很容易落選。
每個國家挑選特種部隊的方法不同，但第一關基本上是完成困難任務，篩出體力好的人。
例如把人丟到深山，然後要他們在限制時間內返回。
想成為特種部隊，通過考驗後，接下來要學習必要技能。
其技能難又多元，
這與特種部隊的編成有關。
基本上，特種部隊不會以部隊為單位來行動。
主要以2~3人為一組來行動，
因特種部隊善於應變、行動迅速，所以讓所有人一起行動，沒有多大的意義。
在一般部隊，成員相互提供需要的技能。
但特種部隊以「人數少」為前提，每個成員都得十項全能。
衛生
空挺降下
情報
操縱
通信
爆破
潛水
狙擊
求生技能

你猜特種部隊和一般士兵，最大的不同是什麼？
除了體力和技術，還有什麼呢？
我曾與特種部隊的教官聊天——
技術只要教基礎的就可以了。
裝備和戰術會隨著時間改變，
所以這類知識教再多也沒意義。
由於特種部隊，都是少數人一組行動，
有時需要，隊員單獨執行任務。
因此，他們需要具備不依賴上司，判斷自己該如何行動的能力。
這是他們與聽令行事的士兵最大的不同。
要教什麼才好呢？
以目前「狀況」來說，要採取什麼「行動」，才能達到自己樂見的「結果」。
訓練的目的，是讓他們掌握看事情的方法，
只要思考路徑正確，就能正確行動。
教官該教的是看事情的方法。
但這是最難的。
說得沒錯，哈哈哈。

剛才有提到「對士兵來說，殺人也不是易事」。
…？
我曾聽研究軍隊心理學的人說過，
基本上，人很難殺害別人，
因為心裡一定會產生罪惡感和抵抗感。
因此，發號司令的長官，是軍隊裡的必要存在。
「我只是聽命行事」士兵得到這張免罪符，才敢扣下板機。
但特種部隊成員，能對自己下達命令，
其實這才是他們特殊的地方。
消滅眼前的敵人！
聽完後，我覺得自己絕不可能成為特種部隊！
ぴえ〜ん!!
又沒人要你這麼做。

9

薪水成了廢紙的那天

※正確的說法應是「波士尼亞國內的克羅埃西亞勢力」。

要換馬克還是第納爾？
德國的馬克，是歐元出現前，歐洲最強勢的貨幣。第納爾則是克羅埃西亞的當地貨幣。
以貨幣信用程度，選馬克較好，但只能在大城市使用。
因此士兵幾乎都選方便使用的第納爾。
服務態度有夠差。
全換成第納爾。
小酒店。
綜合烤盤來啦！
看起來好好吃哦。
雞塊
超大份量
馬鈴薯
牛排
領薪日就是要吃這個啦！
我們今天可是百萬富翁！
因為「內戰中國家的銀行，隨時可能倒閉」，所以傭兵拿到薪水後，會馬上把錢全領出來。

我的月薪一百八十萬第納爾，這是中士階級的待遇。
內戰中的國家會出現惡性通膨，所以，我們會拿到厚厚一疊、面額巨大的鈔票。
10000
10000
我前面提過「當傭兵賺不了錢」。
阿富汗
拿到很多錢，但換算後只有八千日圓。
雖然波士尼亞的薪水只有3萬日幣，但這是我的傭兵生涯中，唯一沒入不敷出的一次。
但其價值不到3萬日圓。
緬甸
沒有薪水可領，沒有打工機會，
也無法到當地參加戰鬥。
我們在開始喝酒前，一定會做某個儀式。
❶和同桌同袍乾杯，
❷用酒杯的底部，敲擊桌面，以此紀念陣亡的戰友。
咚咚
❸正式開喝。
咕嚕——
咕嚕——
聽說第納爾快不能用了，真的嗎？
好像是真的，只要克羅埃西亞獨立，就會換新貨幣。
兌換時間好像到這個月底，剩三週。
不去銀行換錢，第納爾就成為廢紙了。
新貨幣好像叫庫納（Kuna）？
貨幣正式更換時間為一九九四年五月。
但排隊真的好麻煩。

但我們明天開始，要到前線值勤耶！
靠！沒時間去銀行了！
還有三週，回來後再去，應該來得及吧？
別擔心。
克羅埃西亞人居住的地區，才有能兌換第納爾的銀行，前線沒有這樣的設施。
根據過往的經驗，前線勤務最久約兩週，
到兌換截止日期前，應該能回到後方才對。
兩週後——
怎麼回事？
這次好像沒打算讓我們回去欸！
和司令部反映了，再等等吧。
「想去銀行換錢」，這個理由有點難以啟齒。
雖然我們自願當傭兵，但賺到的錢畢竟是用生命換來的。
這樣下去，情況不太樂觀。
好吧……明天執行「尋找換錢地點作戰」！
小隊長
!?

我們的薪水
就交給你們了！
我們一定拚死找
出能換錢的地方！
前線部隊是輪班制：
24小時警戒任務、
24小時待機、
24小時休息。
「休息」的人開著軍用車
到鄰近城鎮和村莊，尋找
可換錢的地方或人物，
然而……
用第納爾換錢？
門兒都沒有。
我跑了大老遠
才換到錢，
不可能再做
相同的事。
沒人願意把錢
換成再過幾天
就變廢紙的鈔票。
蛤？
你說什麼？
大叔在
做什麼啊？
結果就是
沒有地方
能換錢。

儘管大家都盡力了，但仍沒有任何收穫。
剩5日
剩4日
剩3日
剩2日
距離兌換截止日期越來越近。
1日
終於到了最後一天。
兌換結束。
一個月薪水沒了。
我可是兩個月啊！
為什麼我們這麼衰……！
用生命換來的錢啊！
王八蛋！
伴隨著男人的哀號聲，第納爾結束了它的使命。
發行新貨幣庫納，似乎抑制了通膨
1庫納＝1000第納爾
薪水減少了三位數……。
總覺得被坑了。
當我看到下個月「普通數字」的薪水時，突然有悵然若失的感覺。

10

原來我結婚了？

嘴巴張開。
達歐
啊呣啊呣。
村子還很遠嗎？
還久喔。
聲音可以調大嗎？
我喜歡這首歌！
阿姆
我正和兩位美女一起在泰國鄉下兜風。
然而，這時的我還不知道接下來會面臨什麼。
整件事情要回到三天前。
好久不見！這些日子在做什麼？
這間位於曼谷的理髮店，是我經常光顧的店。

嘛，很多事啦。
髮型和之前一樣嗎？
我會來這裡剪髮，不是為了時尚。
因為到其他店，會被強迫剪成「泰國年輕人」款式。
對，麻煩了。
不知道為什麼，泰國理髮店幾乎只有女員工。
真的只有剪髮嗎？
不是說只有女員工的店家，一定有特殊服務，但看她們穿迷你裙站在門口，讓我沒有勇氣走進去。
高部過年時會回日本嗎？
我會待在這裡。
我會在過年時回老家喔。
老家在哪啊？
在依善地區的XX村。
日本新年不是在四月。
泰國一年會過年三次，又以潑水節最熱鬧。

我剛好有事，三天後會開車往那個方向，
要搭便車嗎？
我和達歐同村。
高部的車可以多載一人嗎？
可以啊。
我也要！
!?
為了感謝她們平時為我理髮，我決定開車送她們回老家。
離開主要道路後，已開了4～5公里坑坑窪窪的路。
這裡比我想的還鄉下。
啊，看到村子了。
終於到了。
謝謝你。
那我接著上路囉。
馬上就要天黑了，先到我家休息一晚啦。
呃，反正我不急著趕路，那就麻煩妳嘍。
隔天早上
啊──睡好飽。
昨天開長途，晚上又喝酒，睡過頭了……。
咦？

中庭
人聲鼎沸
這群人是誰啊？
我會在過年時回老家喔。
啊，大概在慶祝過年，
鄉下人辦得比較盛大。
喔，高部起床啦？
快過來！快過來！
這是為外國人準備的特別席嗎？
位置較高
奇怪，怎麼大家都知道我叫什麼？
來，喝酒！我們也準備很多料理，快吃吧！
哇！女主角來囉！
達歐好美喔！
妳穿得好漂亮喔，這是過年時穿的衣服嗎？
微笑
……
？

和尚來了！
你們快去問好！
蛤？我們？
ムニャムニャ
ムニャムニャムニャ
ムニャムニャ
泰國人是這樣過年嗎？
真是太好啦！
達歐終於長大了。
這種麻繩是當地的一種符咒。人們在喜慶活動時繫在身上，若斷開，表示願望實現了。
不能用刀子割斷，不然會遇到麻煩的事。
グフフッ…
兩手都是麻繩。
……
要幸福喔。
不會吧……。
高部是獨生子嗎？
這支錶看起來好高級喔。
喜歡小孩嗎？想要幾個孩子呢？
你家大不大啊？
日本的婚禮如何舉辦啊？

糟糕，上了賊船！
原來這是我的結婚典禮啊！
達歐出生在泰國東北部最貧窮的地區。
當地女性若能和日本有錢人結婚，會要求男方先支付高額的彩禮。
若女方之後在日本找到工作，就可以金援老家。
這筆錢是不小的收入，有時足以改變命運。
高部在克倫軍當傭兵，不是沒薪水嗎？
還得在日本打工，才有錢到緬甸。
傭兵高部面臨人生最大的危機。
他會不會就這樣成為人夫呢？結局請待下篇分曉！
達歐以為我很有錢。
她不知道我不是普通日本人，
我也沒和她說過，自己是傭兵。

11

我不逃兵但逃婚

高部開車送認識的美髮師達歐回老家，並在對方的家過一晚。
但到了隔天，竟熱鬧的舉辦他們的婚禮！
糟了、糟了！
照這樣下去，我真的會變成達歐的老公！
新郎怎麼那麼厲害，能娶到這種美女？
嘿嘿。
你在說什麼？我只是說讓她搭便車而已。
真讓人心生畏懼！
呵呵呵
沒想到，達歐在這幾天做了這些事！
不只和村裡聯絡好，連婚禮都安排好了。

我能立刻逃跑嗎？
周圍都是達歐的人，
現在開溜，肯定會馬上被抓回來。
警察絕對管不到這個村裡的事。
你把我女兒當什麼了？
若不小心激怒這群人，搞不好會被殺掉……。
外國渣男！
就算沒這麼慘，但被逮回來，到真正舉行婚禮，只能像被軟禁般待在這裡。
你最好罩子放亮一點！
只要乖乖說YES不就好了！
只能等待機會出現了。
一定有機會，應該吧……。
來，多喝一點。
謝謝你。
只能喝一點，要是喝醉，就正中下懷！

深夜
啊～好醉哦。
フラフラ
我先去休息喔。
フラフラ
明天再來喝！
好好休息。
パタン
ギラリ
從現在開始就是關鍵！
村裡的儀式會慶祝三天三夜。
哇哈哈！
人好多啊。
快天亮時
人總算變少了。
要離開的話就要趁現在！
避免起疑，雖然很可惜，但只能把行李都留在這裡了。
只帶護照和錢包上路。
作戰開始！
ソーッ…
太好了，車子還在。
咦？新郎在做什麼啊？
啊！

來、
來尿尿啦！
那裡別被蚊
子叮到嘍。
因為儀式結束後，
就是洞房夜嘛。
齁——
嚇死了
我會的。
好！
出發！
衝啊！
永遠不回頭。
此時只要車子故障
或車輪陷到溝裡，
我就真的完了。
發生什麼
事了？
誰把車開
走啦？
現在可說是
命懸一線。
天還沒亮，
我猛踩油門，
讓車子行駛在
坑坑窪窪的路上。
再一下就到
主要道路了。
ガク
ガク
ガク
ガッ!!
!?

貓頭鷹？
車速竟然快到
可以撞死鳥。
我做了殘忍的事。
但管不了這麼多了，
一定要早點逃出去！
累倒～
我沒有休息，
開了六小時，
終於抵達曼谷。
回到曼谷後，
我立刻和當時住的
公寓解約。
這裡離達歐的店
很近，有可能會
被發現。
由於泰國女性對
感情易熱易冷，
當她們情緒失控時，
感覺連殺人都做得到。
遇到這種情況，
先等她們冷靜，
不要見面最好。
接著我馬上租一臺
皮卡車，趕緊搬離
原本的公寓。
之後有好幾年，
我都不敢經過
那間理髮店附近。

這件事就這樣結束嗎？達歐後來怎麼樣？
之後的事我都不知道。
「新郎落跑」一定讓達歐很難堪，光是想像她的處境，就會感到心疼。
但我當時被嚇傻了。
她應該是真心喜歡高部吧？
只能說不能否定這種可能。
但我認為決定性因素，應該是經濟狀況。
在當地，尤其越鄉下的地方，結婚越有兩個家庭結合的這層意義。
達歐為了家族也是豁出去了。
原以為自己釣到日本金龜婿，沒想到卻是沒薪水可領的奇葩傭兵。
グフフフフ
對了，我逃跑時，雙手有好多麻繩。
那個用刀子割斷就有報應的東西，你怎麼處理呢？
因為看著心煩，所以我直接用刀子割斷了。
ブチ！！
這麼做不好吧！

國家圖書館出版品預行編目（CIP）資料

我當傭兵的日子與戰爭實況（上）：真正要命的工作，為什麼我想做?怎麼活著領到薪水、回家?／高部正樹原案；西川拓漫畫；林巍翰譯 . -- 初版 . -- 臺北市：任性出版有限公司，2025.01
256 面 ; 14.8×21 公分
譯自：日本人傭兵の危険でおかしい戦場暮らし、
日本人傭兵の危険でおかしい戦場暮らし:戦地に蔓延る戦慄の修羅場編
ISBN 978-626-7505-29-8（平裝）

1. CST：陸防　2. CST：僱傭　3. CST：戰爭　4. CST：漫畫

599.3　113016195

我當傭兵的日子與戰爭實況（上）

真正要命的工作，為什麼我想做？怎麼活著領到薪水、回家？

漫　　畫／西川拓
原　　案／高部正樹
譯　　者／林巍翰
責任編輯／陳竑悳
校對編輯／陳映融
副總編輯／顏惠君
總 編 輯／吳依瑋
發 行 人／徐仲秋
會計部｜主辦會計／許鳳雪、助理／李秀娟
版權部｜經理／郝麗珍、主任／劉宗德
行銷業務部｜業務經理／留婉茹、專員／馬絮盈、助理／連玉
　　　　　　行銷企劃／黃于晴、美術設計／林祐豐
行銷、業務與網路書店總監／林裕安
總 經 理／陳絜吾

出 版 者／任性出版有限公司
營運統籌／大是文化有限公司
　　　　　臺北市 100 衡陽路 7 號 8 樓
　　　　　編輯部電話：（02）23757911
　　　　　購書相關資訊請洽：（02）23757911 分機 122
　　　　　24 小時讀者服務傳真：（02）23756999
　　　　　讀者服務 E-mail：dscsms28@gmail.com
　　　　　郵政劃撥帳號：19983366　戶名：大是文化有限公司

香港發行／豐達出版發行有限公司
　　　　　Rich Publishing & Distribution Ltd
　　　　　香港柴灣永泰道 70 號柴灣工業城第 2 期 1805 室
　　　　　Unit 1805, Ph.2, Chai Wan Ind City, 70 Wing Tai Rd, Chai Wan, Hong Kong
　　　　　Tel：21726513　Fax：21724355
　　　　　E-mail：cary@subseasy.com.hk

封面設計／孫永芳　內頁排版／邱介惠　印刷／韋懋實業有限公司
出版日期／2025 年 1 月初版
定　　價／新臺幣 390 元
I S B N／978-626-7505-29-8
電子書 ISBN／9786267505274（PDF）
　　　　　　 9786267505281（EPUB）